U0124619

COFFEEOLOGY
Series 2

精品咖啡学

实务篇

韩怀宗
著

杯测、风味轮、金杯准则
精品咖啡实战手册

浙江人民出版社

CONTENTS 目录

Chapter 3

第三章 杯测概论：为咖啡评分

Chapter 4

第四章 咖啡风味轮新解：气味谱

Chapter 5

第五章 咖啡风味轮新解：滋味谱

推荐序

咖啡的美学经济时代终于来临！

大约是在两年前，朋友带着我走进阳明山菁山路一家不起眼的咖啡厅，主人陈老板不仅一眼认出我，还热情地为我上了一堂咖啡课，从那一刻起，我从喝茶一族转变为爱咖啡一族。

那天，陈老板只告诉我如何分辨新鲜的与不新鲜的咖啡，如何通过味蕾去感受咖啡的新鲜度。他告诉我，咖啡好坏不在价格高低，重要的是新不新鲜。黄曲霉是广泛存在的好氧微生物，霉变的花生中就含有对人体有害的黄曲霉素，而霉变的咖啡更可怕，含有比霉变花生含量更高、毒性更烈的黄曲霉毒素。

我的咖啡学就从“新鲜”这一课出发，陈老板要我把烘焙好的咖啡豆放在嘴里和吃花生一样咬，慢慢感受其中的苦甘味。从这一刻起，我开始品尝黑咖啡，不再喝加了很多牛奶的拿铁，连卡布奇诺也很少喝了。

以前到办公室前，我总会到便利店带一杯拿铁到办公室，现在则是拿陈老板亲自烘焙的新鲜咖啡豆，每天用保温瓶带一壶煮好的咖啡到办公室来喝。偶尔，我也会到湛卢或马丁尼兹、黑汤咖啡等咖啡专卖店，感受不同的咖啡文化。

这些年来，咖啡文化就像红酒文化一般越来越兴盛。品味红酒让人的眼界不断开阔，进而寻访更好年份的红酒，喝咖啡也是如此。空闲的时候，找一处喝咖啡的好地方也是一大享受，若更有闲情逸致，一脚踩进咖啡殿堂，研究咖啡的历史、冲泡细节和品味方式，也是很有趣的功课。

咖啡文化亦推动咖啡产业的发展。2010 年，欧债危机引发全球性股灾。2011 年，全球股市整整缩水 6.3 万亿美元。然而，在这场金融灾难中，美国的咖啡连锁店——星巴克的股价居然创下 47.35 美元的历史新天价，美国的绿山咖啡也顺势而起。大街小巷弥漫着咖啡香。

在台湾地区的街头，我们看到统一超商的 CITY COFFEE 大卖，一年的销售额达几十亿台币，连带着全家、莱尔富也卖起伯朗咖啡，而伯朗咖啡的李添财董事长亦开起了咖啡连锁店。除了这些巨型咖啡连锁店，许多咖啡达人的咖啡专卖店，也吸引了众多顾客前来捧场。连阿里山咖啡或东山咖啡这些当地种植的咖啡，都身价非凡。

正如同作者韩怀宗先生所说的，全球的咖啡时尚，从天天都要喝咖啡的第一波“咖啡速食化”，到星巴克引领重焙潮流的第二波“咖啡精品化”，终于来到了返璞归真的第三波“咖啡美学化”，这话说得真好！真希望在第三波“咖啡美学化”的新浪潮中，能诞生真正的咖啡新文化！

谢金河

《财讯双周刊》发行人

新版自序

2015 年至今，我走访了中国大陆 20 多个市县，包括海南海口，福建福州、厦门，广东深圳，云南昆明、普洱、景洪、勐海、临沧、大理、保山，重庆，江苏苏州，上海，湖北武汉，山东青岛，陕西西安、咸阳，北京，天津，辽宁大连，吉林延吉，黑龙江哈尔滨。此外，还有香港特别行政区。这是我动笔写《精品咖啡学》之初，未料想到的美事，5 年来广交咖啡专家、学者、咖友与玩家，相互切磋交流，收获满盈。

之前，我去过中南美洲和亚洲的一些咖啡产地，一直苦于没有机会走访中国大陆的咖啡种植场。2015 年终于圆梦，我受邀出席在海南澄迈举行的第四届中国福山杯国际咖啡师冠军赛，主办单位还安排参访福山的罗布斯塔咖啡园，我得以见识到海南传统的糖炒罗布斯塔绝技，风味甘苦平衡，余韵深长。最令我惊艳的是产自海南白沙黎族自治县陨石坑的罗布斯塔，干净度（clean cup）极佳，喝得到奶油与巧克力香气，风味比驰名世界的印度皇家罗布斯塔更为干净丰富。这应该和陨石坑海拔达 600～800 米，以及土壤富含多种矿物质有关。这是我喝过的最优质的罗豆。可惜海南罗豆的年产量不到 500 吨，内销尚且不足，更无力外销。

大陆的阿拉比卡主产于云南。云南是我参访最多的省份，咖啡品种以混血的卡帝汶（Catimor）为主，迥异于宝岛台湾的铁比卡（Typica）、波旁（Bourbon）、SL34 以及艺伎。云南咖啡发轫于 1904 年宾川县的朱苦拉村。2017 年我出席朱苦拉咖啡论坛，并参访有着百年历史的朱苦拉古咖啡园，一路上饱览云南干热河谷宏伟壮丽的景致，毕生难忘。

我曾三次出席古都西安的咖啡活动，主办单位陪我走访秦始皇兵马俑、汉武帝茂陵、唐太宗昭陵、华清池、唐高宗和武则天的乾陵及大雁塔等名胜古迹。西安的书友还邀我漫游风景如泼墨山水画的华山。最让我感动的是，上海的书友得知我的祖籍在苏州，花了一天时间带我游览太湖畔的东山岛风景区，按照先父生前留下的地址，居然找到父亲 90 年前的故居。

为了促进海峡两岸咖啡产业进一步交流，2019 年 5

月，我发起首届两岸杯30强精品咖啡邀请赛，在台湾地区南投县的正瀚风味物质研究中心举行，为期一周。评审团由海峡两岸的杯测师（cupping judge）组成，为两岸精选的30支极品豆评分，受邀观礼的包括云南国际咖啡交易中心的贵宾。两岸咖啡人共聚一堂，鉴赏评委们选出的金质奖、银质奖、优等奖和主审特别奖，共30支赛豆的千香万味，为这场共赢共好的比赛画上圆满的句号。

《精品咖啡学》分两篇，共30余万字，详述咖啡三大浪潮的始末、产地信息、品种族谱、风味轮概要、知香辨味、杯测入门、金杯准则（Gold Cup Standard）与手冲技法，内容缤纷有序。

咖啡学是一门与时俱进的学科，每隔几年就会进化衍生出新的内容与论述。我目前正埋首撰写《第四波咖啡学：变动中的咖啡世界》，而前作《精品咖啡学》可作为第四波咖啡学的暖身书。学海无涯，循序渐进，必有收获。

谨志于台北内湖

2020年9月22日

开卷随笔

走进精品咖啡的世界！

《精品咖啡学（上）：浅焙、单品、庄园豆，第三波精品咖啡大百科》，以及《精品咖啡学（下）：杯测、风味轮、金杯准则，咖啡老饕的入门天书》，是笔者继 1998 年译作《星巴克：咖啡王国传奇》、2000 年译作《咖啡万岁：小咖啡如何改变大世界》，以及 2008 年著作《咖啡学：秘史、精品豆与烘焙入门》(后文简称《咖啡学》）之后，第四与第五本咖啡“双胞胎”书籍。[1]

这两本书同时出版，实非吾所料。记得 2009 年 5 月，动笔写咖啡学两部曲的初衷，只想精简为之，10 万字完

[1] 完稿于 2011 年 7 月，首次出版时间为 2012 年。2022 年版将书名改为：《精品咖啡学 · 总论篇》《精品咖啡学 · 实务篇》，分别对应原版的上、下册。——编者注

书。孰料一发而不可收，10 万字难以尽书精品咖啡新趋势，索性追加到 20 万字，又不足以表达第三波咖啡美学在我内心激起的澎湃浪涛……

完稿日一延再延，直至 2011 年 7 月完成初稿，编辑帮我统计字数，竟然超出 30 万字，比我预期的多出 20 多万字，也比前作《咖啡学》厚了两倍。

这么"厚脸皮"的硬书怎么办？谁读得动一本 30 万字的大部头咖啡书？一般书籍约 10 万字，照理 30 多万字可分成 3 册出版，但我顾及整体性，又花不少时间整编为上、下两册。

本套书的总论篇，聚焦于精品咖啡的三波演化、产地寻奇与品种大观。

我以两章的篇幅，尽数半个世纪以来，全球精品咖啡的三大波演化，包括第一波的"咖啡速食化"、第二波的"咖啡精品化"和第三波的"咖啡美学化"，并记述美国第三波的三大美学咖啡馆与第二波龙头星巴克尔虞我诈的殊死战。

另外，我以六章的篇幅，详述产地传奇与最新资讯，包括"扮猪吃老虎"的台湾咖啡，以及搏命进入亚齐（Aceh）的历险记。我也参考葡萄酒的分类，将三大洲产地分为"精品咖啡溯源，'旧世界'古早味""新秀辈出，

‘新世界’改良味”和“量少质精，汪洋中海岛味”，分层论述。

总论篇的最后三章，献给了我最感兴趣的咖啡品种，包括“1300年的阿拉比卡大观（上）：族谱、品种、基因与迁徙历史”“1300年的阿拉比卡大观（下）：铁比卡、波旁……古今品种点将录”及“精品咖啡外一章，天然低因咖啡”。

我以地图及编年纪事，铺陈阿拉比卡下最重要的两大主干品种——铁比卡与波旁，在7世纪以后从埃塞俄比亚扩散到也门，进而移植到亚洲和中南美洲的传播路径。最后以点将录的形式来呈现古今名种的背景，并附全球十大最昂贵咖啡榜，以及全球十大风云咖啡榜，为本篇画上香醇句号。

本套书实务篇，聚焦于鉴赏、金杯准则、萃取三大主题，我以十章逐一论述。

咖啡鉴赏部分共有五章，以如何喝一杯咖啡开场，阐述香气、滋味与口感的差异，以及如何运用鼻前嗅觉（orthonasal olfactory）、鼻后嗅觉（retronasal olfactory）、味觉以及口腔的触觉，鉴赏咖啡的千香万味与滑顺口感。第二章论述咖啡的魔鬼风味，以及如何辨认缺陷豆。第三章杯测（coffee cupping）概论，由我和已考取美国精品咖啡协会（SCAA）精品咖啡鉴定师（Q-Grader）资格证的黄纬纶联手合写，探讨如何以标准化流程为抽象的咖啡风味打分。第四章与第五章深入探讨咖啡味谱图，并提出我对咖啡风味轮（flavor wheel）的新解与诠释。

第六章至第七章则详述金杯准则的历史与内容，探讨咖啡风味的量化问题，并举例说明如何换算浓度与萃出率（extraction yield）。最佳浓度区间与最佳萃出率区间交叉而成的“金杯方矩”，就是百味平衡的咖啡蜜点。

咖啡萃取实务则以长达三章的篇幅，详述手冲、赛风等滤泡式咖啡的实用参数以及如何套用金杯准则的对照表，并辅以彩照，解析冲泡实务与流程，期使理论与实务相辅相成。

全书结语，回顾第三波的影响力，并前瞻第四波正在酝酿中。

咖啡美学，仰之弥高，钻之弥坚。《精品咖啡学》撰写期间遇到许多难题，本人由衷感谢海内外咖啡俊彦的鼎力相助，助吾早日完稿。

感谢碧利咖啡实业董事长黄重庆与总经理黄纬纶，印度尼西亚棉兰 Sidikalang 咖啡出口公司总裁黄顺成、总经理黄永镇和保镖阿龙，协助安排亚齐与曼特宁故乡之旅。

感谢屏东咖啡园李松源牧师提供“丑得好美”的瑕疵

豆照片，以及亘上实业李高明董事长招待的庄园巡访。

感谢环球科技大学白如玲老师安排的古坑庄园巡礼。我还要感谢台湾大学农艺学系研究所的郭重佑，为我提供了关于咖啡学名的宝贵意见。

更要感谢妻子容忍我日夜颠倒，熬了1000个夜，先苦后甘，完成30多万字的咖啡论述，但盼继《咖啡学》之后，《精品咖啡学》能为海峡两岸和港澳地区的咖啡文化略尽绵薄之力。前作《咖啡学》简体字版权，已于2011年签给大陆的出版社。

最后，将“咖啡万岁，多喝无罪”献给天下以咖啡为志业的朋友，唯有热情地喝、用心地喝，才能领悟“豆言豆语”和博大精深的天机！

谨志于台北内湖

2011年12月17日

Chapter 1

第一章

从喝一杯咖啡开始：尽享千香万味

嗅觉、味觉、触觉、听觉和视觉是人类五大感官，鉴赏一杯好咖啡，至少要动用嗅觉、味觉与触觉三大官能。科学家相信，一杯黑咖啡至少含有 1,000 种成分，实验室从咖啡中分离出来的化合物，至今已超 850 种，其中 1/3 属于芳香物，丰富度远胜红酒、香草、巧克力和杏仁，堪称人类最香醇的饮品。

如何运用天赋的感官，鉴赏滋味、香气与口感在口鼻之间的曼妙舞姿，且论述如下。

从舌尖到鼻腔，赏尽千香万味

咖啡令人愉悦的风味，皆以香气、滋味与口感呈现。鉴赏咖啡的挥发香气要靠嗅觉，水溶性滋味要靠味觉，滑顺要靠舌腭的触觉来感受。若能善用嗅觉、味觉与触觉，品尝每杯咖啡，神奇感官将带你进入千香万味的奇妙世界；若不善加开发，任其钝化，喝咖啡无异于暴殄天物。

任何一杯未调味的黑咖啡，只要浅尝一口，即能感受到四大滋味：酸、甜、苦、咸。其中，酸味主要来自咖啡的水溶性绿原酸、奎宁酸、柠檬酸、苹果酸、葡萄酸（酒石酸）、乙酸、甲酸、乳酸、乙醇酸等30多种有机酸，以及无机的磷酸。但有机酸不耐火候，烘焙时大部分会被热解，深焙豆的有机酸残余量较少，所以酸味低于浅焙豆。

咖啡的甜味主要来自焦糖化反应（碳水化合物的褐变）与梅纳反应（Maillard Reaction，碳水化合物与氨基酸相结合）生成的水溶性甘甜物质。咖啡的苦味主要来自水溶性的绿原酸降解物、酚类以及蛋白质的炭化物。咖啡的咸味则来自水溶性钠、锂、钾、溴和碘的化合物。

不少人怀疑咖啡居然有咸味，但用心品尝，就会发觉咖啡的咸因子无所不在，恰似用水稀释后若隐若现的食盐水的滋味。印度尼西亚、印度的阿拉比卡，以及非洲的罗布斯塔常有此味。另外，太浓或烘焙过度的咖啡，也容易凸显咖啡的咸味，重焙浓缩咖啡豆尤然。

鉴赏咖啡终究要喝入口，因此常让人误以为咖啡的万般风味尽在液化的滋味中，其实，酸、甜、苦、咸的水溶性滋味，只占咖啡整体风味的一小部分而已。少了嗅觉香气的互动与加持，咖啡喝起来会索然无香，充其量只有酸、甜、苦、咸四种单调的滋味，有滋味却无香气。

同理，少了嗅觉的配合与运作，百香果、苹果和水蜜桃吃起来就剩下酸甜的滋味，迷人的水果香气全不见了，食欲肯定大受影响。因此，光靠舌头的味觉是不够的，还须有嗅觉的相乘效果，才能喝出咖啡或吃出水果的千香万味。

口腔味觉：鉴赏咖啡的四种液化滋味

“滋味”＝液化物＝酸＋甜＋苦＋咸

在日益繁忙的社会生活中，泡咖啡已成为人们自我放松的生活方式，但要泡出一杯好咖啡，得先从如何喝咖啡学起。喝咖啡前，务必了解滋味、香气与口感之别。

以科学的观点来说，滋味指的是饮食中水溶性的风味分子，在口腔中被味蕾接收，由神经传输到大脑，而产生酸、甜、苦、咸、鲜五大滋味模式。但咖啡和其他熟食相较，只有酸、甜、苦、咸四种液化滋味，并不含第五种“鲜”滋味。因此，在鉴赏咖啡时，可剔除“鲜”味。

早在公元前 350 年，古希腊哲学家亚里士多德最先提到甜味与苦味是最基本的滋味。1901 年，德国科学家黑尼希（D. P. Hanig）破天荒地发表了一篇味觉研究报告，首度揭示人类的味蕾能够尝出酸、甜、苦、咸四种滋味，人类对味觉的研究总算踏出了第一步。

一般来说，舌尖对甜味最敏感，舌根对苦味最敏锐，舌两侧前半段对咸味最灵敏，舌两侧中后段对酸味最敏感。舌尖亦能尝出苦味，只是对苦的敏锐度远不如舌根。同理，舌两侧亦能尝出甜味，但对甜味的敏感度远不如舌尖。

德国人早在 100 多年前就发觉舌头能尝出酸、甜、苦、咸四大滋味，而日本化学家池田菊苗在1908年提出了第五味“umami”，也就是我们讲的“轩味”或“鲜味”，其来自蛋白质里的谷氨酸钠，日本人因此发明了味精。但近百年来，欧美科学家并不接受“鲜”是第五大滋味，直到2002年，科学家才在舌头的味觉细胞中找到谷氨酸钠的受体（接收器），证实了“鲜”确实是第五味。

目前，欧美和日本科学家对味觉的五大滋味——酸、甜、苦、咸、鲜有了共识，但近年法国科学家又提出若干证据，认为味觉亦能辨识脂肪的滋味，建议将“脂”纳入味觉的第六大滋味，但未获共识。

味蕾多寡攸关味觉灵敏度

味觉受体主要分布在舌头的味蕾里，另有少部分在上腭、软腭和咽喉部，一般人的味蕾数有9,000～10,000个[1]。

[1] 一般人的舌头约有一万个味蕾，每个味蕾含50～100个味觉细胞。味蕾平均每两周汰旧换新，但随着年纪增长，更新速度变慢，老年人实际有功能的味蕾只剩5,000个，对酸、甜、苦、咸的敏感度转弱，因此老年人经常要添加更多调味料才觉够味。饮食界的鉴味师，味蕾数或每个味蕾的味觉细胞远多于常人，对酸、甜、苦、咸、鲜五味敏感度亦优于常人，这与遗传有关。

有些人的味觉天生灵敏，但有些则迟钝不灵，这取决于味蕾数目多寡。科学家按味觉灵敏度将人类分为三大类：最灵敏者约占人口的25%，其舌头每平方厘米的味蕾多达425个；一般灵敏者约占人口的50%，其舌头每平方厘米的味蕾有180个；迟钝者约占人口的25%，其舌头每平方厘米的味蕾只有96个。有趣的是，味蕾数常因性别、年龄与种族而异。一般来说，女性多于男性，少年多于老年人，亚洲人和南美洲人多于欧洲人和北美洲人。

鼻腔双向嗅觉：鉴赏万千香气

香气＝挥发性芳香物＝干香（fragrance）＋湿香（aroma）

所谓香气，用科学的说法解释，即咖啡的气化成分，以及储藏在油脂里的挥发性芳香物，在室温下或加热水后，挥散于空气中，由鼻腔的嗅觉细胞接收，传送到大脑时所呈现的气味模式。人类鼻腔中约有一亿个气味接收体，虽比不上狗有10亿个，但人类的鼻子已能捕捉2,000～4,000种不同气味，对于接收咖啡中的1,000多种气化物来说，绰绰有余。

辣不是味觉

COFFEE
BOX

很多人误以为“辣”也是味觉的一种，因为在口腔中的感觉非常明显。其实，从科学角度来说，辣是一种痛感，属于口感而非味觉，因为辣椒里的油脂会在嘴里产生灼热的痛感，并不是滋味，而且辣油里的气化呛香物会上扬进鼻腔，是嗅觉的一种，因此“辣”是口感（痛感）与嗅觉的合体，而非味觉。

常有人说，闻咖啡比喝咖啡更愉快过瘾，此言不假，因为咖啡芳香物一部分具有挥发性，可由嗅觉感受；另一部分具有挥发性与水溶性，可由嗅觉与味觉感受；小部分具有水溶性，仅能由味觉感受。有些酸甜味的风味分子具有挥发性与水溶性，因此嗅觉与味觉可享受到。但是不讨喜的苦、咸滋味属于水溶性，不具有挥发性，只有味觉感受得到。换言之，嗅觉感受不到苦味与咸味，难怪闻咖啡会比喝咖啡更愉快，不少人宁可闻咖啡也不想喝咖啡，无非是要规避咖啡的苦味。

虽然鉴赏咖啡需靠嗅觉、味觉与触觉各司其职、相辅相成，才能建构完整的感官世界，但人体感官侦测风味的雷达范围大小，依序为嗅觉＞味觉＞口感。

SCAA 麾下的咖啡质量研究学会（Coffee Quality Institute）执行理事长，同时也是《咖啡杯测员手册》（*The*

Coffee Cuppers' Handbook）作者的泰德·林格（Ted Lingle）表示："杯测员从三杯咖啡中辨识出不同的一杯，靠鼻子判定香气的不同，成功率高达80%；靠舌头判定滋味的不同，成功率达50%；靠上腭与舌头分辨口感的不同，成功率达20%。"

嗅觉辨识的宽广度与准确度超乎味觉与口感，因为嗅觉是唯一具有双向功能的感官，鼻子可嗅出体外世界的气味，也就是"鼻前嗅觉"，但口腔内亦可"嗅出"嘴里饮食的气味，也就是"鼻后嗅觉"。杯测师或品酒师除使用鼻前嗅觉外，更擅长使用鼻后嗅觉，以完成测味大任。

咖啡具有挥发性的焦糖香、奶油香、酸香、花香、水果香、草本香、坚果香、谷物味、树脂香、酒香、香料味、焦呛、土味、柴木味、药水味等气化成分，皆由鼻前嗅觉与鼻后嗅觉感知。但两者对香气的辨识度以及所引发的兴奋度不尽相同，在鉴赏咖啡香气前，务必先明了鼻前与鼻后嗅觉的区别，才能事半功倍。

鼻前嗅觉，辨识力强——干香与湿香

鼻前嗅觉是指直接吸气入鼻腔，嗅觉可感受到外部世

界的气味。就咖啡而言，首先，具有高度挥发性的芳香物在研磨时会最先释出，包括酸香、花香、柑橘香、草本香等；其次，中度挥发物飘散出来，包括焦糖香、巧克力香、奶油香和谷物香等；最后是低挥发性成分，包括辛香、树脂香、杉木香、呛香和焦味等。

这些在室温下未与热水接触即可气化的成分由鼻子吸入，呈现的气化味谱叫作“干香”。

但有些芳香物在室温下无法气化，需在高温下才能挥发，也就是咖啡粉与热水接触时，还会催出其他气化物，而呈现另一层次的气化味谱，是为“湿香”，包括酸甜香、太妃糖香、水果香、大麦茶香、木屑味、酸败味、油耗味、焦油味等。

简单来说，鼻前嗅觉就是感受鼻腔吸入干香与湿香的气化味谱。我们对体外世界的气味，全靠鼻前嗅觉辨识。

鼻后嗅觉，兴奋度高——口腔精油气化香

别忘了人类还有另一天赋——鼻后嗅觉，又称“第二嗅觉途径”，也就是“口腔里的嗅觉”。

鼻前嗅觉是鼻子吸入外部世界的气化物，而鼻后嗅觉

则反过来，以呼气出鼻腔，感受体内也就是口腔饮食的气味。饮食入口后，经唾液催化，藏在油脂里的气化分子释出，通过口腔后面的鼻咽管道，逆向进鼻腔，也就是“走后门”入鼻腔所呈现的气味模式。由于气化物是在口腔释出，人们很容易误认为是舌头尝出的味道，实则是鼻后嗅觉的功劳。

譬如，我们喝也门摩卡或埃塞俄比亚日晒豆，入口后有浓郁的花果、焦糖香气，很多人误以为是味蕾尝到的水果甜香味，实则是日晒豆所含精油，在口腔里释出酯类或醛类化合物的香气，从口腔后面的鼻咽管道上扬进鼻腔，是典型的鼻后嗅觉而非水溶性的味觉。

咖啡的焦糖香、巧克力香、辛香、莓果香、土腥味与木头味也能由鼻后嗅觉鲜明呈现，亦属于湿香。

美国耶鲁大学、德国德累斯顿大学等研究机构在2005年合写的研究报告《人类鼻前与鼻后嗅觉诱发的不同神经反应》(*Differential Neural Responses Evoked by Orthonasal versus Retronasal Odorant Perception in Humans*)中指出，鼻前与鼻后嗅觉对香气的反应并不相同。一般来说，鼻前嗅觉比鼻后嗅觉更灵敏，且对气味的感受强度更高。

而鼻后嗅觉似乎只对人类饮食的气味有反应，较能辨识食物的气味，而且诱发的兴奋度也明显高于鼻前嗅觉，甜香尤然。研究人员以巧克力、焦糖与薰衣草气味置于鼻前，另以相同香气导入鼻咽部，测试鼻前与鼻后嗅觉所引发的神经兴奋度反应，结果发觉鼻后嗅觉引发的愉悦感，明显高于鼻前嗅觉。

此研究结论与吾人鉴赏咖啡的经验不谋而合，当我们用鼻子闻咖啡的干香与湿香时，很容易嗅出焦糖香与花果香，但一下子就消失了，无足惊喜。一旦喝入口几秒后，舌两侧的果酸味，到了鼻咽部化为鲜明的焦糖或水果香气，萦绕鼻腔久久不去，情绪才跟着亢奋起来，久久不能自已，这就是鼻后嗅觉引发的香气振幅与喜悦感，是精品咖啡常有的感官享受，也是玩家常说的上扬鼻腔香。

有趣的是，笔者授课时，发觉学员的鼻前嗅觉多半很灵敏，但到了体验鼻后嗅觉，就有很多学生感到沮丧，屡试不灵，但多试几回，就能感受到回气鼻腔的焦糖、花果香气，雀跃不已，好像发现了新大陆。鼻后嗅觉一旦开发出来，就能体验更多层次的香变，提升喝咖啡的乐趣。下面是嗅觉官能图，有助于读者明了鼻前与鼻后嗅觉的区别。

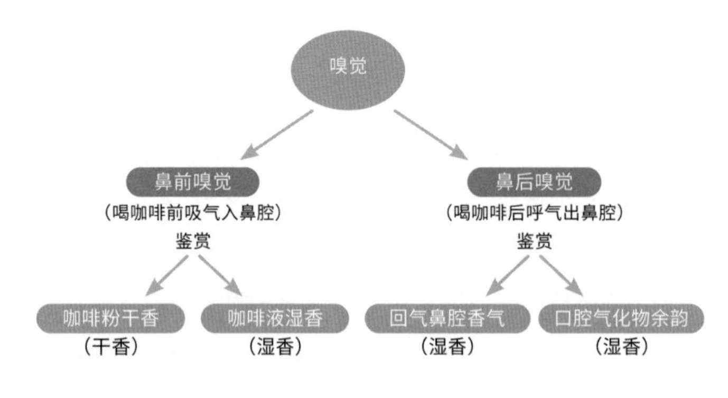

图 1-1　鼻前与鼻后嗅觉比较图

闭口体验鼻后嗅觉

笔者发觉很多人喝咖啡喝了大半辈子，还不知如何运用鼻后嗅觉来提升乐趣，原因在于喝咖啡时闲聊是非的积习难改，要知道口腔里的气化物从鼻咽部绕道上扬到鼻腔的距离较远，不像鼻前嗅觉那么容易直接入鼻腔，因此嘴里的气化物常在开口讲话时就消失了，难怪不易体验到鼻后嗅觉。所以咖啡喝入口后，切忌开口，闭嘴徐徐呼气出鼻腔，就很容易体验到鼻后嗅觉带来的喜悦感。

不论鼻前或鼻后嗅觉，贵在气体顺畅进出鼻腔，嗅觉细胞才能接收到气味分子，如果捏住鼻子，会发觉香气突然消失了，甚至会影响到味觉，因为气味分子无法进出鼻腔。另外，我们感冒时嗅觉会失灵，这是因为鼻塞造成气化分子无法顺畅进出鼻腔，鼻后嗅觉接收不到口腔释出的食物香气，嗅觉一旦失灵，吃进的食物就只有酸、甜、苦、咸四味，香气出不来，同时也抑制了味觉灵敏度。

品酒与抽雪茄也得使用鼻后嗅觉提高乐趣，你可以问问雪茄迷，烟从口中吐出与从鼻腔呼出，哪种方式较快活？答案肯定是从鼻腔呼出更过瘾，这就是鼻后嗅觉“走后门”所引发的额外快感。

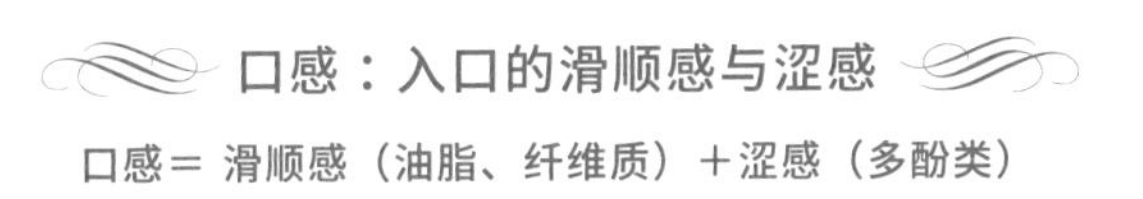

口感：入口的滑顺感与涩感

口感＝ 滑顺感（油脂、纤维质）＋涩感（多酚类）

鉴赏咖啡除运用嗅觉与味觉外，还需动用口腔的触觉，感受无香无味的口感，也就是咖啡的厚薄感与涩感。

body 一般译为黏稠感、厚实感或滑顺感，主要由不溶于水的咖啡油脂与纤维质营造，其含量越多，咖啡在口中的黏稠感或滑顺感越明显。

涩感恰好与滑顺感相反，系多酚化合物[1]在口中营造的粗糙感。涩是一种触感或痛感，但很多人误以为无香无味的涩，是滋味的一种，故以涩味称之，这是很不专业的说法。要知道涩是一种不滑顺的触感，与滋味无关。涩感与滑顺感是咖啡两大口感，涩感在杯测过程中是会被扣分的，而滑顺感则会加分。

咖啡的脊椎：body

咖啡的滑顺与厚薄口感，主要是油脂结合蛋白质、纤维质等不溶于水的微小悬浮物形成的胶质体，在口腔中产生的一种奇妙触感。

滑顺感在各种萃取法中的强度次序为：

浓缩咖啡 ＞ 法式滤压壶 ＞ 滤布手冲（或虹吸壶）＞ 滤纸手冲

浓缩咖啡以九个标准大气压萃取出大量咖啡油脂与微细纤维质，营造出如奶油的黏稠口感。而滤布手冲的滑顺

---

[1] 植物含量最多的前四大化学成分依序为纤维素（cellulose）、半纤维素、木质素（lignin）和多酚类。多酚是植物抵御紫外线的武器，也是植物色泽的来源。绿原酸、单宁酸、儿茶素和黄酮素都是多酚类。

感，优于滤纸手冲，因为滤布纤维的空隙较大，咖啡胶质体不易被滤掉。滤纸纤维的间隙极微，足以挡掉大部分的胶质，只有最微小的胶质分子能穿透滤纸，因此厚实感比起滤布较为逊色。

对刚喝咖啡的人而言，滑顺感似乎有点抽象，初学者不妨以舌头滑过上腭与口腔，很容易感受到如丝绸、绒毛般的咖啡油脂在口腔滑动，略带油腻、沉重与黏稠，是很有趣的触感。笔者认为危地马拉知名的接枝庄园（El Injerto）所产的帕卡玛拉（Pacamara），最容易体验油腻的滑顺感。笔者有些学生体会到滑顺感的乐趣后，对咖啡的口感要求逐渐高于对香气与滋味的要求，这是个有趣的现象。

黑咖啡有了黏稠感或滑顺感，犹如有了龙骨或脊椎，才撑得起香气与滋味的衬托。

一般来说，日晒豆、陈年豆、印度风渍豆、帕卡玛拉、肯尼亚 SL28 以及印度尼西亚湿刨法的曼特宁，黏稠感最佳，也较经得起牛奶的稀释，不易被奶味盖住。黏稠度差的咖啡，如牙买加蓝山、古巴、墨西哥，加奶后就失去了咖啡味。

咖啡的油脂与胶质体会在口腔中营造滑顺的口感，但咖啡的多酚化合物会产生粗糙的涩感。虽然涩感是葡萄酒的重要口感，但咖啡有了涩感，犹如长了一条丑陋的魔鬼尾巴，在口腔里撒野，制造不痛快。

葡萄酒的涩感来自葡萄皮与葡萄籽的单宁酸，因此很多人误以为咖啡的涩感也是单宁酸惹的祸，非也。根据最新研究，咖啡豆几乎不含单宁酸，单宁酸仅微量存在于咖啡果皮内。[1]黑咖啡的涩感主要来自生豆所含的绿原酸在烘焙过程中降解成的二咖啡酰奎宁酸，它是酸、苦、涩的碍口物质，却是强效抗氧化物。另外，咖啡豆也含有酒石酸，亦称葡萄酸，也是造成涩感的成分。二咖啡酰奎宁酸、单宁酸与酒石酸都是植物酚，虽然分子结构很接近，

---

[1] M. N. 克利福德（M. N. Clifford）与 J. R. 拉米雷斯-马丁内斯（J. R. Ramirez-Martinez）合写的研究报告《水洗法咖啡豆与咖啡果皮的单宁酸》（*Tannins in Wet-processed Coffee Beans and Coffee Pulp*）指出，生豆并不含单宁酸。过去有若干报告指出，单宁酸存在于咖啡的果皮里，但两人经研究发现，咖啡果皮仅含微量的水溶性单宁酸，只占果皮重量的 1%。不过，咖啡果皮所含的非水溶性单宁酸较多。

却是不同的成分。专业的咖啡机构已不再称单宁酸是造成咖啡涩感的元凶，因为黑咖啡含量较多的是二咖啡酰奎宁酸，而非单宁酸。

涩不是滋味而是口感，葡萄酒的涩感是因为单宁酸很容易和唾液润滑口腔的蛋白质键结（凝结成团），而失去润滑作用，产生粗糙的皱褶口感。另外，单宁酸也容易和口腔上皮组织键结，造成涩感。喝茶也常有涩感出现，因为茶叶含有的茶单宁会产生涩感。黑咖啡的二咖啡酰奎宁酸也会凝结唾液的润滑蛋白质，在上皮组织产生皱褶的涩感。

有趣的是，咖啡涩感的机制更为复杂，每杯咖啡或多或少都含有二咖啡酰奎宁酸或酒石酸，但是好咖啡喝来却无涩感，这是因为咖啡所含的糖分较高，中和了涩感，如果黑咖啡所含的二咖啡酰奎宁酸、酒石酸和咸味成分（钠、锂、钾、溴、碘）较多，且糖分太少，就很容易凸显不适的涩感。因此喝到涩的黑咖啡，加点糖可以中和涩感。加牛奶亦有“调虎离山”神效，因为二咖啡酰奎宁酸会转移目标，与牛奶的蛋白质键结，而不致破坏唾液里的润滑蛋白质。

018 ## 涩感是质量警讯

咖啡的涩感与烘焙方式和生豆质量皆有关系。大火快炒，不到 8 分钟就急着出炉的浅中焙，容易产生涩感和金属味。至于火力正常，10～12 分钟出炉的咖啡，较不易有涩感，因为反常的快炒易衍生更多的二咖啡酰奎宁酸。另外，生豆质量不佳，尤其是发育未成熟的咖啡豆，含有高浓度的绿原酸，这也是造成涩感的元凶。如果你的生豆是精品级，一般来说，糖分含量较高，不致有涩感，如果涩感仍像恶魔阴影挥之不去，那可能要修正烘焙方式，浅焙的火候不要太急太快。此外，瑕疵豆太多，也很容易有涩感，挑除干净可减少涩感的出现。

涩感与咖啡物种也有关系，一般来说阿拉比卡的涩感不如罗布斯塔明显，因为阿拉比卡的绿原酸只占豆重的 5.5%～8%，但罗布斯塔的绿原酸占豆重的 7%～10%，因此后者烘焙后会产生较多的二咖啡酰奎宁酸。总之，涩感并不是精品咖啡应有的口感，不妨视为咖啡质量的警讯，调整烘焙方式并剔除未熟豆和瑕疵豆，双管齐下，可挥别涩感的梦魇。

从以上论述可以了解，一杯咖啡的整体风味是由水溶性滋味、挥发性香气以及无香无味的口感建构而成，经由味觉、嗅觉与触觉三大官能一起鉴赏。可简单写成以下风味方程式。

风味（flavors）

＝挥发香气（gases）＋水溶性滋味（tastes）

＋口感（mouthfeel）

＝干香与湿香＋酸甜苦咸＋滑顺感与涩感

＝鼻前与鼻后嗅觉＋口腔味觉＋口腔触觉

如何有效率地鉴赏咖啡整体风味？可归纳为六大步骤：

1. 研磨咖啡赏干香（气化物）；

2. 冲泡咖啡赏湿香（气化物）；

3. 咖啡入口赏滋味（液化物）；

4. 舌腭互动赏口感（液化物）；

5. 闭口回气赏甜香（气化物）；

6. 咀嚼回气赏余韵（气化物与液化物）。

换言之，鉴赏精品咖啡不能操之过急，需秉持慢食运动的耐性，从研磨的干香赏起，直到最后的余韵，循序体验六大风味层次。

020 忽远忽近赏香气

鉴赏风味的第一层次，从研磨咖啡开始。此时挥发性芳香物大量释出，鉴赏咖啡粉的干香，最好使用“忽远忽近法”，也就是不时变换鼻子与咖啡粉的距离，先远后近或先近后远皆可。

因为分子量最轻的花草水果酸香味，即杯测界惯称的酶作用（enzyme action）风味[1]，具高度挥发性，会最先释出；接着释出中分子量的焦糖、坚果、巧克力和杏仁味，但飘散距离比低分子量更短，所以要稍靠近点；最后是高分子量的松脂味、硫醇呛香以及焦香冒出，由于分子最重，飘香距离最短，这些气味多半是中深焙才有，需将脸鼻贴近咖啡粉上方，才易捕捉。鉴赏咖啡时，常变换鼻子与咖啡粉的距离，较能闻到低、中、高分子量的多元香气。

然而，有些挥发性芳香物无法在室温下气化，需以高温的热水冲煮，才能释出香气，此乃泡煮咖啡的湿香，也就是鉴赏咖啡风味的第二层次。

---

1 并非所有精品豆都会有花草水果酸香味，唯有栽种环境佳、品种优，咖啡豆发育阶段的酶作用非常旺盛，才能储存大量酯类、醛类和萜类挥发性成分或有机酸，否则不易闻到其令人愉悦的上扬花果味。

鉴赏时，同样采取远近交互的方式闻香。此时，咖啡的花果酸香、焦糖香，以及瑕疵味中的药水味、炭化味、木头味和土味，在湿香的表现上，会比干香更易察觉。

四味互动赏滋味

干香与湿香属于挥发性香气，至于咖啡冲煮后的水溶性滋味如何，也就是风味的第三层次，需靠舌头的味蕾来捕捉。

咖啡入口，味蕾的酸、甜、苦、咸受体细胞会立即捕捉水溶性风味分子，原则上舌头各区域均能感受咖啡的四种滋味，但舌尖对甜味、两侧对酸与咸、舌根对苦味较为敏感。此四味相互牵制与竞合，一味太突出，会抑制或加持其他滋味的表现，甚至会影响口感。

比如，咸味成分太高，遇到酸性物，会放大涩感，但微咸遇到甜味，则咸味被抑制，变得温和顺口，而且咸味有时也会与苦味相互抵消。有业者喜欢往咖啡里加盐，就是要抑制苦味。另外，酸味和甜味会引出精致的水果滋味。咖啡四味的互补与互抑，相当有趣。

原则上，酸味与甜味是精品咖啡的优质成分，咸味与苦味则为负面成分，但两者有时也会相互抵消而发挥好的作用。

舌腭并用赏口感

咖啡入口后，除感受酸、甜、苦、咸的滋味外，还需用舌头来回滑过口腔与上腭，感受无香无味的滑顺感与涩感，也就是风味的第四层次。

一般来说，黏稠度越明显，咖啡在口腔中的滑顺感越佳，此乃咖啡油脂、蛋白质与纤维等悬浮物营造的愉悦口感。至于涩感则是讨人厌的口感，最新研究发现咖啡的涩感并不是单宁酸造成的，而是咖啡所含的绿原酸经烘焙产生的苦涩降解物——二咖啡酰奎宁酸造成的。

咖啡果子未熟，或浅焙时太急太快，咖啡很容易出现不讨好的涩感。一般而言，有着花果酸香味的水洗埃塞俄比亚豆，黏稠度稍差，而有着闷香或苦香调的印度尼西亚豆和印度豆，往往有较佳的黏稠口感。另外，中深焙咖啡的 body 也优于浅焙豆，这与中深焙更容易萃出较多油脂和纤维有关。

滑顺感令人愉悦，而涩感令人不爽，这是咖啡两大对立口感。如果你泡的咖啡滑顺醇厚，为你鼓掌，如果涩感明显，就该检讨。

闭口回气赏甜香

一般人咖啡喝入口，感受咖啡四种滋味与黏稠感后，就一口吞下了事，但老手或杯测师喝咖啡，可讲究多了，在吞下前和吞下后，会多一道闭口回气的动作，也就是徐徐呼气出鼻腔，多感受几回浅焙上扬的酸香与焦糖香，或深焙上扬的松脂与硫醇呛香，以体验鼻腔香气，这就是风味的第五层次。

因为咖啡泡好后，有许多油溶性芳香分子困在咖啡油脂中并悬浮在咖啡液里，这些成分不溶于水，味蕾无法捕捉，故不能形成滋味，一直到咖啡喝入口，这些挥发性成分才脱离油脂，在口腔里释放出来，再通过闭口回气，从鼻咽部进入鼻腔，由嗅觉细胞捕捉香气。善用闭口回气技巧或鼻后嗅觉，很容易鉴赏到更丰美的香气，尤其是鼻腔中的焦糖甜香，更是迷人。

咀嚼回气赏余韵

喝咖啡吞下回气后，如能持续咀嚼与回气鼻腔，很容易感受到香气与滋味随着时间而变化，构成风味第六层次的口鼻留香余韵。

咖啡生豆的前驱芳香物丰富，但仍需烘焙得法，才能彰显回味无穷的余韵。比如，知识分子的黑猫综合豆以浓缩咖啡一口喝下，直捣鼻腔的焦糖香，源源不绝，可持续数分钟，令人口鼻留香。但如果瑕疵豆太多，很容易残留过多酸、涩、苦、咸的碍口物在味蕾上，而有不好的余韵，喝下一口，好像粘在舌上，久久不去，令人作呕。

一口黑咖啡、一口冰牛奶

最后分享一个经验，如果你习惯喝牛奶加咖啡，可尝试将黑咖啡与冰牛奶分开来喝，会有意想不到的味觉震撼，先喝一口不加糖的热咖啡，吞下后再喝一口冰牛奶，会惊觉牛奶的甜味与奶酪香气大增，远比两者混合后再喝更有风味。喝一口涩涩的罗布斯塔黑咖啡，配一口冰牛奶，增甜提醇的效果会比阿拉比卡更佳，这就是“对味”的特效，相当有趣，值得一试。

Chapter 2

第二章

认识咖啡的魔鬼风味：瑕疵豆与缺陷味

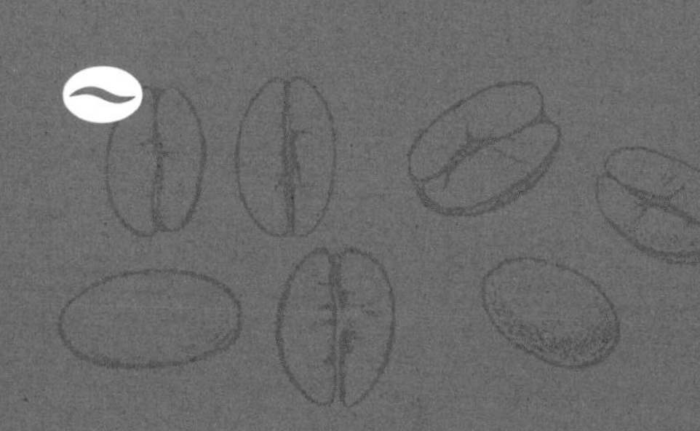

喝惯精品咖啡、宠坏味蕾的老饕，很难相信咖啡居然有兽臊味、烂水果味、漂白水味、碘酒味、酸败味、马铃薯味、土腥味、朽木味和挥之不去的杂苦味。

不要怀疑，只要收集生豆里的黑色豆、褐色豆、白斑豆、绿斑豆、半绿半黑豆、发霉豆、未熟豆、缺损豆、酸豆、虫蛀豆和畸形豆，一起烘焙，再与瑕疵豆剔除干净的精品咖啡并列杯测，即使神经大条、感官迟钝的人，也能轻易喝出魔鬼与天使的分野。

瑕疵豆知多少

健康咖啡树所产的种子被取出后，经水洗、日晒、发酵、干燥和去壳，整个后制过程无缺陷，豆色应为蓝绿、浅绿或黄绿色，这都是健康的色泽。

水洗与半水洗的豆色偏蓝绿或淡绿，日晒豆偏黄绿，如果出现其他碍眼的色泽或斑点，即为瑕疵豆警讯。因为咖啡豆的前驱芳香成分——蛋白质、脂肪、蔗糖、葫芦巴碱与有机酸……氧化了或遭霉菌、真菌侵蚀，豆色才会怪异，既然化学组成变质了，咖啡的色香味也不会好，喝下去可能有损健康。

在显微镜下，健康咖啡生豆的各细胞内几乎满载脂肪、蛋白质等前驱芳香成分，但未熟豆或遭细菌入侵的瑕疵豆的细胞壁已呈空洞状或残缺不全，也就是前驱芳香物消失殆尽，不可能泡出千香万味的好咖啡。

在出口前，咖啡生产国会按照品管流程，筛除严重瑕疵豆，先以昂贵光学仪器剔除异色豆，接着以人工挑除瑕疵豆，以免烂豆太多，影响咖啡的味道。最新研究亦指出，瑕疵豆一旦氧化，前驱芳香物的含量就会明显低于正常咖啡豆，但是咖啡豆天然的苦涩物——绿原酸与咖啡因并不会因瑕疵豆的氧化而减少。也就是说，瑕疵豆的前驱芳香物减少了，而苦涩物不减反增，就会有浓烈的苦味。

咖啡玩家都知道，瑕疵豆无所不在，即使精品级生豆，也可轻易挑出漏网的瑕疵品。无所不在的瑕疵豆，是精品咖啡最大的梦魇。印度每年被淘汰而无法出口的烂豆，占年产量的 15%～20%，巴西更达 20% 以上，近年各生产国的瑕疵豆问题，有愈演愈烈之势。

全球年产一百多万吨瑕疵豆

为何瑕疵豆越来越多？这与全球变暖、天灾虫祸加剧有直接关系。加上咖啡生产链远比其他作物复杂，瑕疵豆比率有逐年升高之势。咖啡从栽培、施肥、灌溉、采摘、去皮、发酵、干燥、去壳、运送等到储存的过程，都充满变量，稍有不慎就会变质，沦为烂豆。

生产链有多复杂？同一枝干的咖啡果子不会同时成熟，有些熟透的果子已掉落地面，有些则青涩未熟，徒增采摘困难。摘下的熟果子要立即运往处理厂，稍有拖延就会因发酵过度而酸败。即使在最短时间内送抵处理厂，去果皮后导入水洗槽进行发酵，脱去豆壳上黏黏的果胶层，若发酵时间太长，也会酸臭。接下来从发酵池取出带壳豆，冲洗干净，拿到户外曝晒干燥，也是一大变量，需采取渐进式脱干，干燥太快则豆壳迸裂，干燥太慢则豆子受潮，会遭霉菌入侵。

咖啡农必须忍痛挑除受潮、染菌或发霉的带壳豆，接着把无瑕疵的带壳豆入库熟成，最后再以去壳机磨去种壳，但若机器没校准好，亦会刮伤咖啡豆，进而感染霉菌。就连出口运送过程也危机四伏，咖啡豆的蛋白质与脂肪，常因仓库或船舱的湿度与温度太高，或周遭有污染物而变质腐败……足见咖啡豆的生产链，从上游到下游，必须过五关斩六将，经天助、自助，加上好运气，才能产出蓝绿色的零瑕疵豆。

根据国际咖啡组织（ICO）统计，2009 年全球生产 119,894,000 袋生豆，按每袋 60 千克计，共生产了 7,193,640 吨生豆，如以公认的 20% 的瑕疵率来算（有偏低之嫌），2009 年全球的瑕疵咖啡豆至少有 1,438,728 吨。

如何解读此数目？ 2009 年世界第二大咖啡生产国越南，也不过生产 1,080,000 吨生豆。换言之，全球的瑕疵豆年产量，已超出越南咖啡豆年产量。即使是顶级蓝山或柯娜，也常见虫蛀豆或异色豆。由于咖啡制程变量充斥，出现大量瑕疵豆在所难免，精品业者只有面对它、挑除它、丢掉它，除此之外，别无他途。

瑕疵豆转攻低价配方豆

全球最大咖啡生产国兼第二大咖啡消费国巴西，近年开始重视瑕疵豆的危害与耗损问题。据巴西公布的资料，每年被淘汰而无法出口的瑕疵豆，约占总产量的 20%，大约 800 万袋，共 48 万吨。有趣的是，这批无法出口的烂豆，如果全是好豆，以中国台湾地区每年消费 2.5 万吨咖啡计算，至少可喝上 19 年。

资料显示，2010 年，中国台湾地区进口的生豆、熟豆及咖啡萃取物总量达 25,084,740 千克（不含咖啡替代物与乳化剂）。也就是说，巴西瑕疵豆年产量是中国台湾地区每年咖啡消费量的 19 倍，令人咋舌。[1]

---

[1] 全球年产 100 多万吨瑕疵豆何去何从？由生产国自行消费或贱价转卖给即溶咖啡厂，生产低价三合一咖啡？这是值得深思的问题。为了自己的健康，选购零瑕疵的精品咖啡，才是王道。

悲哀的是，巴西无法出口的烂豆却转内销，悉数供应巴西国内市场，也就是巴西惯称的“PVA豆”；葡萄牙文“pretos”是指腐败的黑色豆，“verdes”指未熟豆，“ardidos”指发酵过度的酸臭豆。因此，巴西对瑕疵豆的定义是：发霉的黑色豆、发育不良的未熟豆，以及发酵过度的酸臭豆。

过去，巴西业者的廉价综合配方豆里，好豆不到50%，另外50%则以PVA豆充数，消费者稀里糊涂喝下肚。虽然至今仍无法证明PVA豆确实有害健康，但严重影响咖啡风味，难怪巴西街头贩售的“小咖啡”(cafezinho)一定要加很多糖才能入口，喝咖啡不加糖，在巴西被视为野蛮人！

2004年，巴西咖啡协会（Brazilian Association of Coffee Industries，简称ABIC）推动“好咖啡计划”(Program of Quality Coffee，简称PQC)，大力倡导民众多喝好咖啡，并要求业者自律，尽量少用瑕疵豆，还规范综合咖啡添加的PVA豆，最多不得超过20%，以免民众喝太多而危及健康。这不禁让人担心，中国台湾地区卖的廉价的三合一或综合咖啡豆，里头到底添加了多少瑕疵豆，巴西当局已正视此问题，我们呢？

近年来，巴西科学家不遗余力研究 PVA 豆，并以“电子鼻”，也就是气相色谱质谱仪（Gas Chromatography-Mass Spectrometry，简称 GC-MS）检测瑕疵豆的气味，终于归纳出 PVA 豆可供辨识的挥发性成分，让精品业者对瑕疵豆有了进一步认识。

坎皮纳斯州立大学（Universidade Estadual de Campinas）的科学家指出，颜色正常的零瑕疵生豆，散发着青草、水果及甘蔗的清甜香气。生豆悦人的香酯与香醛（floral aldehyde）成分，一旦变质或氧化，就成了瑕疵豆，其“体味”既杂且呛。

根据“电子鼻”归纳结果，未烘焙的瑕疵豆，明显比正常豆多了十几种“呛鼻”挥发气味，包括 2,3,5,6 四甲基吡嗪（2,3,5,6-tetramethylpyrazine）、羊油酸（hexanoic acid，亦称己酸）、丁内酯（butyrolactone）、2- 甲基吡嗪（2-methylpyrazine）、2- 甲基丙醛（2-metilpropanal）、3- 羟基 -2- 丁酮（3-hydroxy-2-butanone）、3- 甲基丁醛（3-methylbutanal）、2- 甲基丁醛（2-methylbutanal）、己醛（hexanal）、癸酸乙酯（ethyl decanoate）、异丁醇（ethyl-isobutanol）、丁醇（1-butanol）、乙酸异戊酯（isoamylacetate)、乙酸异丁酯（isobutyl-acetate）、1-羟基-2-丁酮（1-hydroxy-2-butanone）、乙酸己酯（n-hexyl-acetate）等。

然而，这些气体多半未达人类嗅觉能辨识的最低浓度门槛，因此人鼻未必能闻出端倪，但对灵敏的“电子鼻”而言，却是百味杂陈，臭味熏天。

至于烘焙好的瑕疵豆，也有特殊“体味”，在“电子鼻”前露了馅，瑕疵熟豆比正常熟豆至少多了几种辛呛气味，包括中深焙的羊油酸、2-戊酮（2-pentanon）、芳樟醇（β-linalool）、2-甲基丙醛、2,3-丁二醇（2,3-butanediol）、1-戊醇（1-pentanol）、正戊醛（pentanal）和己醛等。其中，己醛、羊油酸和2-甲基丙醛不但出现在瑕疵生豆里，也能在瑕疵熟豆中找到。[1]

值得留意的是，普遍存在于正常生豆并散发水果香气

---

[1] 异丁醇是有特殊气味的有机化合物，在自然界中可经由碳水化合物发酵而生成。主要应用于食品调味或油漆的溶剂。乙酸异戊酯，稀释后有类似香蕉和梨的水果香气。乙酸异丁酯具有水果香味，用于香料调制及油漆溶剂。乙酸己酯带有浓郁水果味，普遍存在于鲜果中，用于食品添加剂和有机合成。芳樟醇又称伽罗木醇、芫荽醇或沉香醇，普遍存在于芳香樟、玫瑰木、薰衣草和柠檬里。2-甲基吡嗪稀释后可用作肉类、巧克力、花生、杏仁和爆米花香精。这些物质带有药水的辛呛味，是瑕疵豆杂味的重要来源。

的香酯、香醛和乙醇，在瑕疵豆中却走味了，取而代之的是这些芳香物的氧化产物，烂豆所含的2-甲基丁醛以及3-甲基丁醛，对咖啡风味影响很大，前者有刺鼻呛味但稀释后倒可容忍，最糟的是3-甲基丁醛，有股酸臭的粪便味。而3-羟基-2-丁酮也不好惹，它是水洗发酵时受细菌感染产生的酸臭味物质。另外，黑色烂豆独有的臭谷物味成分为2-甲基丙醛，烘焙前后皆有。

异色豆大观

咖啡生豆的颜色中，蓝绿、翠绿、浅绿或黄绿色才属正常色泽，如果出现褐黄、红褐（蜜处理豆除外）、全黑、铁锈色、暗灰、绿斑、黑斑、白斑、褐斑或虫蛀，均为瑕疵豆。这表示咖啡树染病，或在后制时发酵过度、干燥不均、湿度太高，甚至被机械力刮伤，从而造成蛋白质、糖类、脂肪、有机酸和葫芦巴碱变质腐败，进而出现斑点或变色，这都是问题豆的信号。

生豆储存久了，色泽会从蓝绿逐渐褪为浅绿或褐黄，风味也会从当令鲜豆的酸甜水果调，老化为低沉无酸的木质味。如果储存环境太潮湿，豆色会变暗，甚至出现霉臭味。商用豆的含水率最好在10%～12%，最佳储存温度维持在 15℃～25℃，相对湿度维持在 50%～70%，在此范围内，生豆的酶最稳定，不致分解前驱芳香物。生豆含水率若高于 12%，储存温度高于 25℃，且相对湿度超出 70%，就易感染霉菌，生豆里的酶也会加速分解脂肪、蛋白质和有机酸，而产生碍口的杂味。因此，高档精品豆进口时以真空包装为最佳，最好放进储酒柜 12℃～15℃恒温保存或放进冷藏库，可延长保鲜期。

以下是常见的异色豆，除特殊封存处理的陈年豆仍属好豆外，其余异色豆若非老化就是变质，需剔除而后快。原则上，发酵过度会有酸败味，干燥过度会有木头味，受潮豆会有霉味。

斑点豆　受潮豆　狐狸豆（褐色豆）

黑色豆　机械力咬伤豆　虫蛀豆

屏东咖啡园　李松源／摄影

陈年豆

陈年豆是另类异色豆，虽然呈黄褐或暗褐色，不甚雅观，却是唯一美味的异色豆。陈年豆必须带着种壳，经过3年以上熟成过程。仓库的干燥与储存均有严格标准作业流程，使得陈年豆的有机酸熟成为糖分，而蛋白质和脂肪等前驱芳香物并未腐败变质，喝来醇厚甜美无酸，略带沉木香。但失败的陈年豆亦不少，喝来腐朽如“咖啡僵尸”。较知名的陈年豆有曼特宁、爪哇和印度风渍豆。

枯黄豆

一般来说，越新鲜的生豆越翠绿，有机酸含量也越高，但台湾地区中南部怕酸不怕苦，烘焙商故意将新豆封存一至两年，磨掉酸味，豆色由绿转成枯黄，含水率从12%降到10%以下，也比较容易烘焙。如果保存得宜，并不算瑕疵豆，但有机物尽失，活泼风味老去，喝来钝钝的，只剩苦香和木质味了，一般用作平衡酸味的配方，无法作为精品豆。

黑色豆

最典型的霉烂豆，原因复杂，包括咖啡树染病、咖啡果子熟烂后掉落地面遭污染、水洗日晒发酵过度、干燥过程回潮染菌、豆体刮伤染菌氧化、虫蛀豆发霉变质等。黑色豆含有土臭素（geosmin），杂苦味与尘土味很重，务必挑除，破坏风味事小，影响健康事大。半绿半黑豆亦可归为此类。

美国农业生物工程师学会（American Society of Agricultural and Biological Engineers）2005 年的研究报告《瑕疵豆烘焙后的化学属性》（*Chemical Attributes of Defective Beans as Affected by Roasting*）指出，瑕疵生豆的蔗糖、蛋白质与油脂含量明显低于正常豆，其中以黑色豆的蔗糖和脂肪含量最低。黑色豆与深褐色的酸臭豆所含的酸败物却高于正常豆，此乃发酵过度所致。另外，黑色豆的含灰量也最高，这表明黑色豆是最劣质的瑕疵豆。

虫蛀豆

千疮百孔的虫蛀豆很容易辨认，豆表常有瘀青状的小黑孔。咖啡树的害虫非常多，包括蜗牛、金龟虫、东方果蝇、咖啡钻果虫（coffee berry borer，学名 Hypothenemus hampei）等，不胜枚举。目前为祸台湾咖啡园最烈的应数东方果蝇。母果蝇不但啃食果子，还在果肉里产卵，造成咖啡果子腐烂脱落，损失不轻。亚洲及夏威夷的咖啡庄园均饱受果蝇摧残。

然而，咖啡钻果虫比果蝇更凶狠，被全球咖啡农视为头号害虫，钻果虫看似黑色甲虫，源自非洲，特别喜欢侵袭阿拉比卡的果子，母钻果虫会从咖啡果的顶端啃进内层的咖啡豆，并在豆子上钻出一条直径小于 1.5 毫米的“产道”，将虫卵下在里面，灾情惨重的豆子，“产道”甚至多达五条。

由于豆子的组织已被破坏，用受创轻的豆子做出来的咖啡喝来没有香味和酸味，严重者则有霉菌感染发黑的腐臭味。钻果虫繁殖能力强，2007 年，牙买加蓝山咖啡豆有 25% 遭钻果虫啃噬，灾情惨重。中国台湾咖啡园过去不曾见钻果虫，但 2009 年传出了钻果虫肆虐的消息。咖啡农又有场硬仗要打了。

狐狸豆

又称酸臭豆，因色泽如同狐狸的褐色毛发而得名。采摘的熟烂果子或掉落地面的破损果子，很容易变成酸败的狐狸豆。如果气候太潮湿，咖啡果子在树上已开始发酵腐败，或是发酵池遭污染，都会产出酸臭的褐色豆。狐狸豆不仅豆表是褐色的，连内部也变质为深褐色，有臭味。这与正常的蜜处理豆，豆表沾有干燥且美味的褐色果胶是不同的，蜜处理豆的内部仍为正常的淡绿色或黄绿色，大家可别将蜜处理豆误认作狐狸豆。

斑点豆

颇为常见，包括黑斑、褐斑、白斑、绿斑。干燥不均或带壳豆迟延干燥，过度发酵，容易出现黑斑和褐斑豆。而白斑豆又称玻璃豆，一般指生豆受潮，含水率过高，引发生豆酶的萌芽机制，豆色呈暗灰色甚至出现白斑，豆子偏软，做出的咖啡喝来有肥皂味或朽木味。

绿斑豆亦常见。新鲜豆的绿斑因与豆子色泽相近，不易被察觉，但枯黄豆则因色差而更易被挑出，一般指豆体受伤、受潮或被虫蛀，而出现氧化变质的斑点，看起来有点恐怖，杂苦味不输全黑豆。另外，生豆被去壳机刮伤处也会出现生锈的颜色。

臭豆

臭豆一般指发酵过度，内部已腐烂但尚未影响外表的瑕疵豆。外观并无异状，豆色偏黄褐色，但切开豆子，里面已腐烂发出恶臭味。较先进的产区以红外线光学仪器筛豆，可辨识臭豆并予以剔除，但靠人眼挑豆，很容易有漏网之鱼，为害质量。

发霉豆

很好辨认，豆表有一层白色绒毛或呈白粉状，很恶心，这是储藏环境太潮湿所致。发霉豆从白到黑都有，也含有土臭素，杂苦味重。

真菌感染豆

与狐狸豆不同，咖啡豆遭真菌感染，豆表会出现粉末状的褐色小斑块，且会越来越大。更可怕的是，真菌的孢子会传染给其他咖啡豆，因此发现真菌感染的豆子务必剔除。

虽然豆色不雅是瑕疵的警讯，但仍要慎防绿色陷阱。也就是说，豆色为正常的蓝绿、淡绿或日晒豆的黄绿色，外观无异状，并不表示豆子没问题，务必用鼻子闻一闻，有没有漂白水味或碘呛味。

有机酸变质的药水味

带有刺鼻化学味的生豆，光看外表不易发觉有异，用一根尖长的取豆勺，插入麻布袋抽取生豆，观色闻味，发觉有化学味可直接退货，不必杯测了。生豆的漂白水味道主要是水洗发酵不当，有机酸变质腐败所致，如果冲泡来喝，会有呛鼻的漂白水味和咸酸味，少喝为妙。

大宗商用豆的进口商常遇到绿色陷阱，国外不良豆商常在一货柜生豆中混入几袋外观鲜绿（据说可用化学药剂染色增艳）的豆子，浑水摸鱼，因此验货时务必抽验每袋生豆有无药水味，以免被骗。

巴西海拔较低的日晒豆，外貌与豆色看来正常，却常有股不雅的里约味（Rioy），轻则有碘呛味、酚味或药水味，重则有股受潮的霉臭味，闻来像是地下室潮湿的霉呛味。一百多年来，里约味一直困扰着全球的咖啡买家，过去以为是土质或发酵过度所致，但近年来，微生物学家用显微镜在实验室观察发现，里约味是生豆感染霉菌造成的。

1990年，美国化学学会（American Chemical Society）出版的《农业与食品化学期刊》（*Journal of Agriculture and Food Chemistry*）中一篇由雀巢研究中心科学家撰写的研究报告《咖啡生豆的里约恶味分析》（*Analytical Investigation of Rio Off-Flavor in Green Coffee*）指出，里约生豆严重感染了曲霉（Aspergilli）、镰孢菌（Fusaria）、青霉（Penicillia）与乳酸杆菌（Lactobacilli）而产生2,4,6-三氯苯甲醚（2,4,6-trichloroanisole，简称TCA），是里约恶味的主因。

其实，不只巴西劣质咖啡有里约味，中南美洲和非洲生豆感染了这些霉菌，也会产生陈腐的霉腥味，虽然生豆外观不易察觉。研究发现，只要在每升美味的咖啡液里加入1～2克的2,4,6-三氯苯甲醚，就会出现恼人的里约味。

有趣的是，葡萄酒也有里约味，但被称为软木塞味，近年葡萄牙与西班牙的许多软木塞工厂因感染霉菌，造成昂贵的葡萄酒出现腐败的软木塞味，而吃上国际官司，闹得不可开交，祸首就是霉菌。

营养不够的未熟豆“奎克”

最常见的绿色陷阱当数未熟豆“奎克”(quaker)，常令烘焙师气绝，因为生豆外观并无明显异状，不易事先挑除，却常在烘焙后现出原形。豆色浅得出奇，不管怎么烘焙都无法入色进味，挑出这些碍眼的浅色豆，会发觉它们轻飘飘的，密度明显偏低。入口咬一下，会有生谷物味、土味、木屑味、纸浆味或涩感，却无丝毫甜感，这并非正常豆的味道。因此，烘焙师在冷却盘里看到未熟豆“奎克”都会挑除，以免破坏咖啡风味。

未熟豆产生的原因有二，最常见的是摘到未成熟的青果子，其次是土壤养分不足或施肥不够，造成果子营养不良，不易成熟。不论是太早摘下的未熟果子还是无法成熟的咖啡果子，均可归类为未熟豆。未熟果有时可经水槽浮力测试，剔除漂浮果，有时却如正常红果子一样沉入水槽，不易挑除，相当麻烦。

即使刨除种壳，未熟豆也不易以肉眼发觉。一般来说，未熟豆颗粒较小，豆表较粗糙，有皱纹且银皮较黏，豆体向内凹陷明显，豆的边缘较薄，豆色偏淡，但有时未熟豆看起来又与正常豆无异，必须烘焙后才现出不易着色的原形，直到包装前的最后一关才被揪出来。

未熟豆易有青涩感

为何未熟豆在烘焙过程中不易着色？这不难理解，因为未熟豆的糖类、碳水化合物、脂肪和蛋白质含量太少，烘焙时的褐变反应，也就是焦糖化与梅纳反应无法顺利进行，所以不易入色，也不易衍生饱满的香气与滋味。据笔者经验，日晒豆出现未熟豆的概率远高于水洗豆，这与日晒豆多半未经水槽剔除漂浮豆有关。在杯测实务上，如果尝出青涩感，则表示这批豆子的未熟豆比率不低。

读者不妨做个小实验，将咖啡豆分成两组，一组的“奎克”未剔除，另一组的“奎克”全数剔除，再进行杯测比较，很容易喝出含有未熟豆的一组，杂味与青涩感较为明显。未熟豆 quaker 是杯测术语，顾名思义，是不是因为喝了含有“奎克”的咖啡，会皱眉“颤抖”而得名？耐人寻味。

瑕疵总汇，苦呛难入口

从生豆中筛除的黑豆、褐色豆、绿斑豆、白斑豆、未熟豆、酸臭豆、虫蛀豆和缺损豆，不必急着丢掉，不妨集结成瑕疵豆总汇，烘焙后杯测时，可与精品豆并列受测，一来可成为最佳教材，二来可增加学员的自信心，因为烂豆总汇的恶味很容易被学员揪出，增添杯测乐趣。

杂苦、泥巴、咸涩和酸败味的总和，就是瑕疵总汇的味道，难以下咽，因此“超凡杯”（Cup of Excellence，简称 CoE）与美国精品咖啡协会杯测赛，均把“干净度”列为评分要项，一杯咖啡只要有一颗黑豆或酸臭豆，就足以毁了这杯好咖啡。咖啡豆不健康、后制处理与运送过程有瑕疵，均会造成咖啡的脂肪、蛋白质、有机酸和糖类变质，衍生不干净的杂苦味。唯有零瑕疵才能符合干净度的标准，产地咖啡的地域之味才能在没有杂苦的干扰下显现出来。不干不净的瑕疵豆是精品豆的最大杀手。

瑕疵生豆易挑，瑕疵熟豆难辨

精品级与一般商业级咖啡的最大区别，在于前者已尽量剔除瑕疵豆，后者则充斥瑕疵豆，售价越低，烂豆比率越高，杂苦味也越重，不加糖难以入口。瑕疵豆在烘焙前很容易辨识，一旦进炉烘焙后，就不太容易认出，这也让投机者有了掺混的空间。

如果你买的熟豆价格很低，杂苦味特重，那么，你可能是买到用烂豆充数的黑心咖啡了。为了避免喝进过多的瑕疵豆，建议咖啡迷最好购买生豆，在家自己烘豆子，因为瑕疵生豆很容易以肉眼看出并挑除掉，但熟豆就难了。

Chapter 3

第三章

杯测概论：为咖啡评分

杯测是指采用标准化烘焙、萃取与品啜方式，通过嗅觉、味觉与触觉的经验值，将咖啡香气、滋味及口感诉诸文字并量化为分数，完成咖啡评鉴工作。

毋庸讳言，杯测的品香论味与丰富术语，源自历史更悠久的品酒文化。品酒滥觞于14世纪，积渐成今日博大精深的品酒美学。相对而言，杯测文化兴起较晚，却青出于蓝而胜于蓝。从2000年开始，杯测在精品咖啡第三波带动下，继品酒文化之后，跃然成为一门美学。[1]

---

[1] 本章由笔者与黄纬纶联手论述。黄纬纶：碧利咖啡实业少东家，年少赴加拿大。2010年3月，在美国考取SCAA精品咖啡鉴定师、杯测师及烘焙师执照。

杯测师身价
凌驾品酒师的时代来临

杯测兴起于1890年前后，美国旧金山的席尔斯兄弟咖啡公司[1]（Hills Brothers Coffee）为了确保每批生豆质量，开始对进口的咖啡执行两阶段杯测，在产地出货前先对样品生豆进行杯测，并保留样品豆，等生豆进港后再取样，进行第二次杯测验货，以确认进口生豆质量与先前样品一致。早年，咖啡杯测是大型烘焙厂的品管程序，旨在发觉重大瑕疵，避免买到不堪用的咖啡豆，是秘而不宣的技术。

而今，杯测已从昔日的防弊，演进到今日的鉴定、享

[1] 19世纪末的美国咖啡巨擘席尔斯兄弟咖啡，在20世纪初发明了咖啡真空罐包装。1985年被雀巢咖啡并购，1999年被转售给美国知名的食品公司沙拉·李（Sara Lee），2005年又被卖给意大利的咖啡公司Massimo Zanetti Beverage Group。

用、调制配方豆与竞赛层面。这要归功于1982年美国精品咖啡协会创立，掀起全球喝好咖啡运动。曾任美国精品咖啡协会第二任理事长的泰德·林格于1985年陆续出版与修订《咖啡杯测员手册》以及《咖啡品鉴师风味轮》（*The Coffee Taster's Flavor Wheel*）等书籍，破天荒将香气、滋味与口感的杯测术语及流程做系统化归纳，并制定统一标准，让杯测界有了奉行准则。

1999年，美国咖啡闻人乔治·豪厄尔（George Howell）在联合国资助下，在巴西举办首届“超凡杯”（CoE）精品咖啡评鉴大赛，点燃咖啡新美学“杯测”的火种。加上近年精品咖啡第三波推波助澜，杯测成为咖啡专业人士必研技艺。

SCAA与CoE的杯测表格与准则，是目前精品咖啡界最常用的两大系统，或有少许差异，但仍在大同小异的范畴。

过去有案可考的纪录，世界最高身价的鼻子与舌头，皆由品酒师囊括。2003年，英国知名连锁超市桑莫菲尔德（Somerfield）的老板，为首席女品酒师安吉拉·蒙特（Angela Mount）的味蕾投保1,000万英镑，创下世界最昂贵舌头的纪录。2008年，荷兰知名品酒师伊利娅·戈特（Ilja Gort）为自己的鼻子投保390万英镑，创下世界最昂贵鼻子的纪录。

然而，咖啡杯测师的身价急起直追，2009 年英国知名咖啡连锁企业 Costa Coffee 为自家意大利裔咖啡杯测师吉拉诺 · 培利奇亚（Gennaro Pelliccia）的舌头，向英国老牌劳伊兹保险公司（Lloyd's）投保 1,000 万英镑，与英国女品酒师蒙特最昂贵的舌头不相上下。

劳伊兹保险指出，常人平均有一万个味蕾，也就是说，Costa Coffee 为培利奇亚的每枚味蕾投保 1,000 英镑。培利奇亚杯测经验长达 18 年，他灵敏的味觉与嗅觉，能分辨上千种咖啡风味，并找出细微的缺陷味，确保每年一亿零八百万杯咖啡的质量，成为该公司的最大资产。近年，咖啡杯测师的身价，有凌驾品酒师之势，可见杯测文化已然成形。

谈起杯测，业内一般都以为太抽象难懂，除非拥有超乎常人的味觉与嗅觉，否则不易登堂入室。其实，只要常喝咖啡，多比较、勤练习，在脑海里建立完整的咖啡风味记忆库，人人都可成为称职的杯测员。杯测贵在标准作业流程下，为几支并列的咖啡鉴香测味，很容易从香气、滋味与口感，辨识出彼此差异，这与单独喝一杯咖啡，大异其趣。

关于杯测，必须了解的几件事

本小节先从杯测的前置作业：标准化烘焙、标准化萃

取、标准化评鉴，以及SCAA杯测表格要项谈起，唯有统一这些要件，杯测出来的结果，才有公信力。

标准化烘焙

杯测用豆的烘焙流程，是影响杯测结果与公平性的最大变量。SCAA对烘焙度、时间、冷却及熟成，皆有严格规范。

· **烘焙度：** 根据SCAA杯测作业规约，参赛送样的生豆由主办单位统一烘焙，以浅焙至中焙为区间，更精确地说，如以艾格壮咖啡烘焙度分析仪（Agtron Coffee Roast Analyzer）的近红外线照射咖啡熟豆，艾格壮数值（Agtron number）为#58，磨成的咖啡粉的数值为#63[1]，

[1] 艾格壮咖啡烘焙度分析仪是以近红外线照射熟豆，如果烘焙度越深，焦糖化程度就越高，所以炭化程度也越高，豆表色泽越黑，也越不易反射光线，分析仪读到的数值就越低。反之，烘焙度越浅，焦糖化程度越低，炭化程度也越低，豆表颜色越浅，也越易反射光线，分析仪读到的数值就越高。因此艾格壮数值越小，表示烘焙度越深；艾格壮数值越大，表示烘焙度越浅。要注意的是，未研磨的熟豆，测出的艾格壮数值会比磨成咖啡粉后测得的数值稍低，因为未研磨时只能测得熟豆的表面，而磨粉后可测得豆表与豆芯的焦糖化平均值，一般来说，豆芯的颜色会比豆表来得浅，因此磨粉后的艾格壮数值比较高。

误差在 ±1 范围内。

但是一台烘焙度分析仪的价格为两万美元，一般业者无力购买，亦可使用较便宜的对色盘，两百多美元的烘焙色度分级系统（Agtron/SCAA Roast Color Classification System）[1]。如果以该色盘系统为准，杯测专用烘焙度的艾格壮数值介于 #55 ～ #60。

换言之，约在一爆结束后至二爆前，也就是中焙的全风味烘焙，不致太尖酸，焦糖化与炭化也不致过剧。如果将一爆尚未结束作为杯测标准，虽然很容易表现酶作用的酸香，却易麻嘴，影响杯测师的味蕾。

· 烘焙时间：杯测用豆的烘焙度定在一爆结束与二爆前，但以几分钟完成烘焙也很重要。SCAA 规范的烘焙时间在 8 ～ 12 分钟的狭幅，因为短于 8 分钟的烘焙，火力过猛，豆表易有焦黑点或容易烘焙不均，而且烘焙过快，涩嘴的有机酸成分不易热解完全，容易有涩感与咬喉感。但

1 SCAA 推出的烘焙色度分级系统，可作为辨识烘焙度的廉价方案，共有 8 个对色盘，每个对色盘均附有一个烘焙色度的艾格壮数值，从最浅焙的 #95 开始，由浅到深的色盘读数依序为 #95 → #85 → #75 → #65 → #55 → #45 → #35 → #25。艾格壮数值 #55 是指一爆结束后，接近二爆的程度。

烘焙拖太久也不行，浅中焙若超过 12 分钟，容易磨钝咖啡的本质，且累积过多的炭化粒子。过犹不及，均无法呈现咖啡最佳风味。

· 冷却与熟成：样品豆需在杯测前 24 小时内完成烘焙，咖啡出炉后，应以传统烘焙机的负压式冷却盘为之，降温至室温为止。熟豆的冷却不得使用大型商用烘焙机的水雾式散热，以免影响质量。样品烘妥后，置入干净无异味的密封容器或不透光的包装袋内，进行 8 小时熟成，换言之，样品豆最迟必须在杯测前 8 小时完成，否则来不及熟成。样品豆要存放在干燥阴凉处，不得置入冰箱或冷藏库。

标准化萃取

杯测用豆的萃取方式，力求简单、无外力干扰，采用浸泡式萃取，可排除因冲泡技巧与手法的不同而影响公平性。萃取使用的杯具大小、水质、水温、研磨度、浓度以及浸泡时间均有规范。

· 杯具：使用容量 5～6 盎司（150～180 毫升）的厚玻璃杯或陶杯，但最大容量 225 毫升的杯具亦在允许范围内。重点是杯具务必干净无味，大小与材质要统一，另外

深焙
中深焙
中焙（杯测烘焙度）
生豆

准备无异味杯盖，材质不限，以供磨粉后遮杯用。

照 SCAA 杯测标准，每支受测样品豆需 5 个杯子，以检测每支样品豆的每一杯风味是否如一；CoE 比赛，每个样品需 4 个杯子。至于一般自家杯测不需如此大阵仗，每支样品豆准备 1～3 个杯子即可。每支样品豆的杯数并无严格规定，端视杯测单位要求而定，重点是每个杯子的容量与材质务必相同。

· 水质： 杯测用水必须洁净无味，不得使用蒸馏水或软水。根据 SCAA 的旧标准，杯测最理想水质的总固体溶解量（Total Dissolved Solids，简称 TDS，即浓度）为 125～175ppm[1]，最好不要低于 100ppm，因为低于 100ppm 的水质太软，内容物太少，容易过度萃取。但也不要高于 250ppm，因为高于 250ppm，表示矿物质太多、太饱和，不但影响口感，而且容易萃取不足。

2009 年 11 月，SCAA 对水质的 TDS 做出了修正。根据新版的水质标准，最理想的杯测水质，TDS 修正为 150ppm，也就是 150mg/L，但可接受的水质范围则放宽至

---

1 总固体溶解量（浓度）常以百万分率 ppm（parts per million）来表示，1 升溶剂含有某物质 1 毫克，某物质含量即为 1ppm，也就是浓度为 1/1,000,000。

75～250ppm，即 75～250mg/L。

·研磨度：杯测用咖啡粉粗细度务必统一，要比有滤纸的美式滴滤咖啡机的研磨度稍粗一点，换言之，70%～75% 的咖啡粉粒能筛过美国 20 号标准筛网，即粒径为 850μm（0.850 毫米）。这比一般手冲或赛风的咖啡粉更粗，接近法式滤压壶的粗细度，等同于台式小飞鹰研磨刻度的 #4～#4.5。因为杯测的浸泡时间较长，磨太细易萃取过度并产生粉状咖啡渣，反而产生不便。

每支受测样品豆必须先磨掉足够的分量，以清除前一支样品豆残留在磨刀上的余味。样品豆磨成粉后，最好在 15 分钟内完成注水，如果咖啡粉要放置超过 15 分钟，务必在杯口加盖，减少氧化，咖啡粉的存放时间不得超过 30 分钟。

·浓度：咖啡豆克量与热水毫升量的比例为 1∶18.18，即 8.25 克咖啡豆研磨后，以 150 毫升热水萃取，或 9.9 克咖啡豆以 180 毫升热水萃取，或 11 克咖啡豆以 200 毫升热水萃取。换言之，只要符合咖啡豆重量与热水毫升量为 1∶18.18 即可。

美国精品咖啡协会定出咖啡豆与热水为 1∶18.18 的比例，是因为萃取的浓度恰好落在金杯准则所规范总固体溶解量 1.15%～1.35% 的中间区域。此问题将在第 7 章中详加论述。

一般来说，杯测要求的浓度比一般滤泡式咖啡更为淡薄，以免咖啡太浓，味谱纠结在一起，反而不易分辨好坏。

·水温：每杯的萃取水温须为93℃，直接注进杯内的咖啡粉上，直抵杯子上缘，确保咖啡粉均匀浸泡。

·浸泡时间：让咖啡粉在杯内浸泡3～5分钟，不要搅拌，静待杯测师破渣、闻香与评鉴。

标准化评鉴

杯测环境务必保持安静与干净、无异味，不可有电话或手机声，不得擦香水或喷发胶，以免人工香精干扰杯测。室内要有适当照明。评鉴以杯测专用汤匙为之，以利啜吸测味。

·杯测匙：专用杯测匙，圆形深底，容量为8～10毫升，方便啜吸，如果汤匙太尖太浅则不利啜吸且容易呛到。杯测匙一般是不锈钢与镀银材质，后者散热较快。

·啜吸：杯测夸张的啜吸动作，虽制造噪声不甚雅观，却可提高味觉与鼻后嗅觉的测味效率。因为在啜吸的同时也会吸入空气，使得咖啡液以喷雾状入口，水溶性的咖啡滋味更均匀地分布在舌头各区域，如此，咖啡油脂里的气化成分也更易释出，从口腔后面的鼻咽部上扬进鼻腔，加快品香鉴味的速度。杯测动辄检测数十甚至上百支样品，啜吸确实可提高测味的灵敏度与效率，但请不要在咖啡馆以夸张的啜吸动作喝咖啡，制造噪声可是会遭旁人白眼的。

轻松读懂杯测评分表

简易杯测评分表共有 8 栏，第 1 栏为样品编号，第 2 栏为味谱与余韵，第 3 栏为干净度与甜味，第 4 栏为酸味，第 5 栏为厚实感，第 6 栏为一致性与平衡度，第 7 栏为干

表3-1
简易杯测表格

杯测员闻香与啜吸后，对样品的香气、滋味与口感，了然于胸，但要将这些抽象感官诉诸文字并量化为分数，就必须使用统一规格的杯测评分表，请参考以下杯测表格。

样品豆#	样品豆烘焙度	1. 味谱 分数 6 7 8 9 10	3. 干净度 分数	5. 酸味 分数 6 7 8 9 10
		2. 余韵 分数 6 7 8 9 10	4. 甜味 分数	强度 高 低
	注记:			

香/湿香，第8栏为总评与总分。每支受测样品豆，最少1杯，最多3杯。一般简易杯测表格不必像SCAA每支样品要5杯，CoE要4杯，唯国际性大赛才需要如此大的阵仗。

水平与垂直标记

表3-1的简易杯测表格，参考了美国精品咖啡协会杯

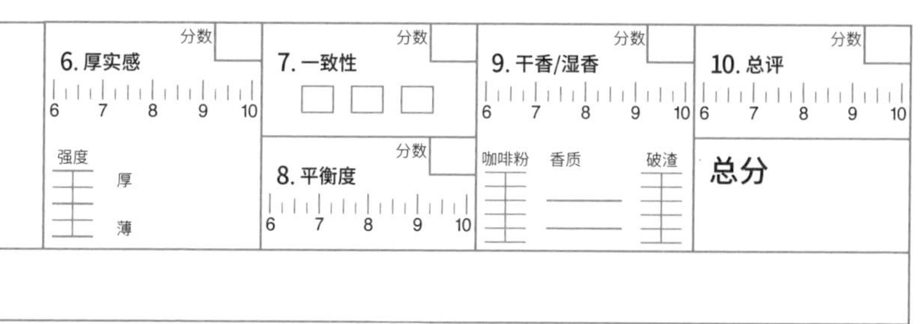

6. 厚实感 分数	7. 一致性 分数	9. 干香/湿香 分数	10. 总评 分数
6 7 8 9 10	□ □ □	6 7 8 9 10	6 7 8 9 10
强度 厚 薄	8. 平衡度 分数 6 7 8 9 10	咖啡粉 香质 破渣	总分

测表格，亦采用了两种标记，一为水平走向的10分制刻度，表示质量的好坏，为6～10分。适口的一般商用豆在各单项评分中一般为6～7.9分；8分以上为精品级；国际性杯测赛优胜豆，平均各单项要在8.3分以上。

给分单位以0.25分为基准

参加杯测赛的咖啡均为商用级以上，因此评分标记从6分开始，共有4个级别，6分级别为“好”（good），7分为“非常好”（very good），8分为“优”（excellent），9分为“超优”（outstanding）。而每个级别依质量好坏，又有4个给分等级，给分单位为0.25分，因此4个级别总共有16个给分点，足以评出质量高下（见表3-2）。

二为垂直走向的5分格标记，表示特色的强弱，垂直

表3-2　评鉴品质等级

6.00—好	7.00—非常好	8.00—优	9.00—超优
6.25	7.25	8.25	9.25
6.5	7.5	8.5	9.5
6.75	7.75	8.75	9.75

标记仅供评审标注，无关分数。垂直标记只附在“干香/湿香”“酸味”和“厚实感”三栏中，方便评审标示强弱度，其他评分项目则无垂直标记，各项评分仍以水平标记为主。

虽然给分单位为0.25分，但鉴香测味难有客观标准，即使在SCAA、BOP、CoE国际大赛中，也常出现给分歧异，有评审给85分，也有评审只给70分，因此国际杯测赛的评审动辄5人以上，采集体评分的平均分数为准。

简单来说，水平标记代表质的好坏，垂直标记仅代表强度的高低。简易杯测评分表共有十大评分要项，详述如下。

评分项目1：干香/湿香（fragrance/aroma）

SCAA与CoE的评分表，均将干香/湿香摆在表格的最前面，因为这是杯测时第一个要检测的项目。干香是指咖啡磨成粉后、以热水冲泡前所散发的挥发性香气，而湿香是指热水冲泡后产生的气化香。SCAA将之列为评分要项，但CoE却不算分数，只当作评审的参考，因为主办单位无法提供足够的咖啡粉样品供评审回忆干香/湿香，而且挥发的香气随着水温下降而减弱，不易有客观标准，再者，咖啡毕竟要喝入口才算数，虽然干香/湿香很迷人，强度也不错，但不表示喝入口的风味一定优。因此，CoE仅将之列为参考项目不算分，有其道理。

笔者编的简易评分表，执两用中，虽将之列为评分项目，但置于较后面的第7栏，表示点到即可，不必花太多时间在干香/湿香的评鉴上。不妨从三个方面来评定干香/湿香：

（1）热水冲泡前先闻杯内的咖啡粉香气，发觉特殊的干香，可记在香质（qualities）栏内，以免忘记，因为干香评鉴后就以热水冲泡，不可能再提供该样品的咖啡粉协助评审回忆。

（2）热水冲泡后，浸泡3～5分钟，在此期间，以杯测匙破渣，闻其破渣的湿香。

（3）浸泡5～8分钟，在此期间，闻浸泡的湿香，将

COFFEE BOX

SCAA杯测给分的十个参考等级

10分→稀世绝品（exceptional）；9分→超优（outstanding）；8分→优（excellent）；7分→非常好（very good）；6分→好（good）；5分→中等（average）；4分→尚可接受（fair）；3分→差（poor）；2分→非常差（very poor）；1分→无法接受（unacceptable）；0分→不给分（not present）。

好咖啡多半集中在7分以上，精品级集中在8分以上，获奖精品豆要有8.3分以上的水平，9分以上属于超凡入圣。

特殊香气记录在香质栏内。

干香 / 湿香栏内的左右侧各有一个垂直的 5 分刻度香味强度表，评审可依上述第一阶段干香强度，记录在左边的干香强度表上，而第二与第三阶段的湿香强度则记录在右边湿香强度表上，最后再将这三阶段的香气强度及质量汇总分数，记录在上方水平 10 分刻度表上。一般来说，干香 / 湿香的计分，以香气的质量为准，香气强度仅供参考。确认后再将得分写在右上角的分数框内。

评分项目 2：味谱（flavor）

评分表的第 2 栏，上半部分为味谱栏，下半部分为余韵栏。先谈味谱栏。

味谱是指咖啡入口后，水溶性滋味与挥发性气味共同构建的味谱。换言之，味谱是由味觉对酸、甜、苦、咸四大滋味，以及嗅觉对气化物回气鼻腔的气味汇总的整体感观。杯测员闻完干香与湿香后，啜吸入口，在口腔中的滋味与回气鼻腔形成的味谱好坏会立即浮现，因此列为评分栏之首。

精品咖啡最重视的地域之味主要由味谱呈现。此栏的评分必须反映滋味与气味的强度、质量与丰富度。顶级精品咖啡，因独特滋味或香气而产生与众不同的味谱，是地域之味的表现。

评审必须明辨这些滋味或香气究竟是借助一般施肥或处理技术即可复制出来，还是栽植者用心挑选品种及水土，借助微型气候培育出来的独特地域之味。后者远比前者更值得鼓励。比如，果酸味异常强烈有时很讨好，却可借助水洗发酵技术来复制，糟糕的是，原本的地域之味反而被发酵技术蒙蔽了，这就不值得鼓励。评鉴味谱的优劣，可采用啜吸方式，以增强味觉与鼻后嗅觉对滋味和香气的感受度。可根据以下特色作为正向与负向的评分。

正向：有特色、厚实、鲜明、令人愉悦、有深度、有振幅
负向：清淡、土腥、豆腥、草腥、柴木味、麻布袋味、兽味、苦咸酸
（有特色指有花香、蜜味、坚果香、巧克力香、水果香、熏香、辛香）

评分项目 3：余韵（aftertaste）

第 2 栏下半部分为余韵评分栏。将咖啡吞下或吐掉后，用嘴嚼几下，会发觉滋味和香气并未消失，如果余韵无力并出现令人不舒服的涩苦咸或其他杂味，此栏分数会很低。余韵是捕捉香气、滋味与口感如何收尾的关卡，如

果尾韵在甜香蜜味中收场，会有高分；如果出现魔鬼的涩感尾韵，会被扣分。余韵与味谱同置一栏，且排序在味谱之后，旨在检测味谱的收尾。实务上，余韵得分会低于味谱，因为味谱佳，余韵未必好，如果味谱差，余韵肯定更糟糕。

正向：回甘、余韵无杂、口鼻留香、持久不衰

负向：咬喉、苦涩、杂味、不净、不舒爽、厌腻

评分项目 4：干净度（clean cup）

第 3 栏上半部分为干净度，下半部分为甜味。先谈干净度。

美国精品咖啡协会对干净度的解释为：咖啡喝下第一口至最后的余韵，几乎没有干扰性的气味与滋味，即“透明度”佳，没有不悦的杂味与口感。评审从 70℃喝下第一口，直到室温测味时，都要留意干净度的表现，因为味觉与嗅觉在咖啡温度较高时，易受干扰，不易察觉杂味，但咖啡接近室温时，味觉与嗅觉恢复灵敏度，杂味无所遁形。SCAA 杯测表的干净度项目有 5 个小方格，表示 5 杯都要测味，每杯符合干净度要求，可得 2 分，任何一杯出现不属于咖啡的味道，均会失格或得到低分。但简易杯测

表格仅列 3 个小方格，最多可测 3 杯。

此外，CoE 大赛似乎比 SCAA 更重视咖啡干净度，这应该和创办人乔治 · 豪厄尔立下的“家规”有关。这位大师堪称精品咖啡界推动干净度最有力的人士，他认为干净度是咖啡质量的起跑点，唯有纯净无杂味的咖啡，才能喝出精品豆的地域之味，少了干净度，一切免谈。因此“超凡杯”评分表将瑕疵扣分栏与干净度评分栏并列，且置于评分表的最前端，凸显干净度与瑕疵味的重要性，此乃大师用心良苦的凿痕。

反观 SCAA 评分表，则把干净度置于较后段，但切勿解读为忽视干净度，因为此栏的评分要从中高温测味到室温才准，所以评分顺位排在较后面，是可以理解的。

正向：纯净剔透、无杂味、层次分明、空间感
负向：杂味、土味、霉味、木头味、药水味、过度发酵异味

评分项目 5：甜味（sweetness）

第 3 栏下半部分为甜味，SCAA 新版杯测表将甜味与干净度合置同一栏，有其用意。因为干净度够，甜味才出得来，而且干净度与甜味必须从中高温测味到室温才能完成，甜美滋味往往放凉后更明显。杯测所谓的甜味有两层意义，一为毫无瑕疵令人愉悦的圆润味谱，二为先酸后甜的“酸甜震”味谱，此乃碳水化合物与氨基酸在焦糖化与梅纳反应中的酸甜产物，不全是糖的甜味，而是饶富水果酸甜韵。

咖啡的甜味与果子成熟度有直接关系。半红半绿的未熟咖啡果，其果胶层仍含高浓度有机酸，尚未转化成糖分，此时以糖度计测量果胶的甜度，只有10%左右。随着果子成熟到暗红色，果胶的有机酸熟成为糖分的比率提高，此时的甜度高达20%。果胶层的甜度越高，孕育出的咖啡豆越甜美，这就是为何要采摘熟透的红果子。

如果咖啡豆摘自熟透的红果子，咖啡喝来就会圆润清甜，一旦掺入未熟豆，咖啡易有草腥、尖酸与涩感，抑制甜感。因此，杯测界视青涩与尖酸为甜味的反面。换言之，咖啡的甜感不全靠熟豆残余的糖分多寡来决定，仍需其他成分的相乘或相克，极为复杂。若酸味、咸味、苦味或涩感太重，就会压抑甜味的表现。

咖啡天然的甜感与其他含糖饮料的甜味不同，咖啡的甜味是由口腔中的滋味与鼻腔中的焦糖香、奶油香与花果香气共同营造的独特甜感，非添加砂糖所能模仿。SCAA杯测表的甜味栏有5个小方格，杯测时5杯都要试，甜感极佳，每杯得2分，5杯最高分为10分。本简易杯测表则精简为 3 个小方格，可检测 1～3 杯的甜味。

正向：酸甜震、圆润感、甜美
负向：青涩、未熟、尖酸、呆板

评分项目 6：酸味（acidity）

第 4 栏为酸味评分栏，由 10 分刻度的酸质评分表以及垂直的酸度注记构成。咖啡入口，味蕾立即感受到酸味，舌头中后段的两侧尤为敏锐，优质咖啡果酸入口会有生津的奇妙口感。

强弱适当的酸味，可增强咖啡的明亮度、动感、酸甜震与水果风味，但酸过头就令人皱眉生畏，成了尖酸或死酸。酸味过犹不及，太过的酸味并不利于咖啡整体香味的表现。此栏水平给分刻度的最后分数，必须考虑到该样品的地域之味、特性及烘焙度等相关因素。譬如，肯尼亚豆预期会有较高的酸味，而苏门答腊豆的果酸预期会较低。换言之，符合这些预期的样品会有较高评分，尽管两者酸味的评分标准不同。

虽然酸香味让咖啡喝起来更有活力与层次，品酒师也常认为没有酸香味的葡萄酒就像没有脊椎的废人。但酸度的强弱与咖啡质量好坏并无绝对关系，SCAA 以及 CoE 的比赛均明文规定，评审必须根据酸味的质量（酸质）而非强弱（酸度）来评分。

评定酸味前先问自己："它的酸味是否喧宾夺主，太锐利难忍？它的酸味是否精致？它的酸味是否'酸震'一下，就会羽化为令人愉悦的水果韵与甜香？它究竟是有变化的活泼酸，还是一路酸麻到底的死酸？"

酸度的垂直刻度仅供评审记录酸味的强度或参考用，酸味质量则记录在水平的10分刻度上。酸而不香或欠缺内涵的死酸，不易得高分。

正向：精致、活泼、刚柔并济、酸质突出、层次感、丰富、生津

负向：尖锐、粗糙、无力、呆板、醋味、酸败、无个性、碍口

评分项目7：厚实感（body）

第5栏为厚实感。这是口感的一种，与香气、滋味无关。body是咖啡液的油脂、碳水化合物、纤维质或胶质所营造的特殊口感，包括黏稠感、重量感、滑顺感与厚实感。因此，不易译成中文，也有人称为醇厚度，但笔者认为不妥，因为body与味道无关，纯粹是口腔触感的一种，而"醇"是指酒味浓厚，故醇厚是指美酒的香浓，又与香味有关，背离了body是触感的宏旨。body除可译为厚实感外，亦可译为体感、黏稠感、厚薄感或滑顺感，都比醇厚度更合逻辑。

厚实感的质量取决于咖啡液在口腔中造成的触感，尤其是舌头、口腔与上腭对咖啡液的触感。黏稠度高的咖啡是因为冲泡时，萃出较高的胶质与油脂，在质量评分上，有可能得分较高。但是有些黏稠度较低的咖啡，在口腔里也会有很好的滑顺感，犹如丝绸滑过舌间，颇为讨好，埃塞俄比亚的耶加雪菲或西达莫就堪为典范。

预期会有较佳黏稠感的苏门答腊咖啡和较低黏稠感的埃塞俄比亚咖啡，均可在此项目得到高分，虽然两者口感强弱有别，端视滑顺感的精致度，而非黏稠度越高越讨好。换言之，黏稠感虽高，但欠缺滑顺感，厚而无质的口感并不易得高分；反之，黏稠感稍差但有明显的滑顺感，就易得高分。如同酸味的评分，厚实感采用重质不重量的标准来计分。

本栏亦有一个垂直 5 分刻计表，heavy 表示厚，thin 表示薄，仅供注记，厚实的质感才是重点。

值得一提的是，咖啡口感至少包括厚实感与涩感两种，但 SCAA 的评分表仅聚焦于厚实感，似乎忽略了涩感也是口感的一种，这是美中不足之处。“超凡杯”的评分表格，就把厚实感与涩感并列为口感项目来评分，显然较合乎逻辑。笔者认为，“超凡杯”评分表的设计人乔治·豪厄尔思虑较周到，该给予掌声。

SCAA 的评分表虽然未将涩感纳入口感项目，却反映在余韵栏的负向评分方面，可谓瑕不掩瑜。厚薄感的正负向评分如下。

正向：奶油感、乳脂感、丝绒感、圆润、滑顺、密实
负向：粗糙、水感、稀薄

评分项目 8：一致性（uniformity）

第 6 栏的上半部分为一致性，下半部分为平衡度。先谈一致性。

SCAA 评分表中的一致性有 5 个小方格，表示 5 杯都要受检测，本书的简易评分表精简为 3 个小格。一致性要从热咖啡检测到室温下的温咖啡才准，有些瑕疵味会在降温时现出原形。

杯测的一致性是指几杯受测的同一样品，不论入口的湿香、滋味与口感，均需保持一致的稳定性，如此才易得高分，因为各杯浸泡变量相同，风味理应保持一致。但若瑕疵豆挑不干净，或咖啡水洗与日晒过程有闪失，干燥度有差异，就不容易凸显每杯风味一致的特色。以 SCAA 表格而言，一致性佳，每杯可得 2 分，5 杯一致可得 10 分，若其中有一杯风味不同，则无法得 2 分。一致性是 SCAA 杯测评分表的独有项目，“超凡杯”则无此项，因为并入了平衡度项目。

正向：均一、同质
负向：起伏、无常

评分项目 9：平衡度（balance）

第 6 栏的下半部分为平衡度，意指同一受测样品的味谱、余韵、酸味和口感，相辅相成，相映成趣，也就是整体风味的构件，缺一不可的平衡之美。如果某一滋味或香味太弱或太过，此栏会被扣分。

另外，杯测员还需留意样品的味谱与口感，从高温至室温的变化是否平衡讨好，如果放凉接近室温时，尖酸或苦涩暴露出来，打破平衡就不易得高分。

正向：协调、均衡、冷热始终如一、结构佳、共鸣性、酸味与厚实感和谐
负向：太超过、相克、突兀、味谱失衡

评分项目 10：总评（overall）

最后的第 8 栏为总评，这是评审主观好恶的给分项目，由评审对样品香气、滋味与口感的整体表现，所做的总评分。样品的整体风味投评审所好或样品某一特色让评

审感到惊为天人，都可能在此项目拿下高分。若样品的味谱平淡无奇就不易拿高分。

正向：味谱丰富、立体感、振幅佳、饱满、冷热不失其味、花香蜜味
负向：单调乏味、不活泼、杂味、死酸味、咸味、涩感

总分（total score）

将干香/湿香、味谱、余韵、酸味、厚实感、一致性、平衡度、干净度、甜味、总评十大项的得分加起来，即为总分。

以上是简易杯测表的10个评分要项，小规模的杯测，绰绰有余，但SCAA与CoE国际杯测赛事，特为缺陷味谱增设扣分项目。以SCAA为例，扣分方式如下。

缺点如何扣分

国际评审发觉缺点，需先确定究竟是小瑕疵（taint）还是大缺陷（fault）。小瑕疵指气味不佳，虽然很明显但未严重到难以吞下，一般是指尚未喝入口的咖啡粉干香与湿香的瑕疵气味；大缺陷是指恶味严重到碍口，一般指咖啡入口后，由味觉以及鼻后嗅觉，察觉出滋味层面以及回气鼻腔的缺陷味。评审发现缺点须先注明其属性，诸如尖酸、橡胶味、土味、木头味、里约味、药水味、洋葱味、杂味、发酵过度的酸败味或酚类的苦味与青涩感，再判断其“缺点强度”(intensity)，是小瑕疵还是大缺陷，若是小瑕疵，每杯扣 2 分，若是大缺陷，每杯扣 4 分。

公式：扣分＝缺点杯数 × 缺点强度

最后得分（final score）

总分扣掉缺点栏的分数，即为最后得分，高于 80 分为精品级，80～100 分分为非常好（very good）、极优（excellent）以及超优（outstanding）三级。

近年 SCAA“年度最佳咖啡”(Coty) 杯测赛，荣入优胜金榜的精品豆，成绩均在 83 分以上，得分多半在 83～90 分，超过 90 分的竞赛豆极稀，这与评审给分严格有关。2009 年，台湾地区亘上实业的李高明董事长在阿里山种植的铁比卡就以 83.5 分，入选该年 SCAA“年度最佳咖啡”十二名金榜的第十一名，是截至目前印度尼西亚、印度和中国台湾地区参赛豆的最佳成绩。以下是 SCAA 最后得分的等级表。

表 3-3　最后得分等级		
90 ～ 100	超优	精品级
85 ～ 89.99	极优	精品级
80 ～ 84.99	非常好	精品级
低于 80 分	未达精品标准	非精品等级

杯测六大步骤：从高温测到室温

一般来说，杯测前，要先检视各样品的烘焙度，受测豆的烘焙度定在浅中焙或中度烘焙。而 SCAA 杯测表格第一栏的“样品豆烘焙度”列有浅焙、中焙、中深焙和深焙四个程度，杯测师检视后再标出受测豆的烘焙度，以供测味参考。

杯测的品香论味及其评分，主要根据咖啡液逐渐降温，造成滋味、鼻后嗅觉及口感的变化，来评定其优劣或些微差异。

1. 评鉴干香与湿香

在样品研磨后的 15 分钟内，评估其干香。由于挥发性香气的分子量有别，可采取忽远忽近的方式来捕捉低分子量的水果酸香以及中分子量的焦糖香，最后把脸贴近样品杯上方或把杯子举起来闻，捕捉高分子量的烘焙香气。评定干香时，除徐徐吸气外，嘴巴不妨略微张开，可增加嗅觉的锐利度。

接着评定湿香，以 93℃热水冲泡杯内咖啡粉，至少要浸 3 分钟，但最长不超过 5 分钟，浸泡未达 3 分钟时，不得弄破隆起的咖啡粉渣。一般是在浸泡的第 4 分钟破渣，由一人以汤匙背拨开咖啡渣与泡沫，可拨动 3 次，闻其湿香，再记下干香与湿香的分数。此时还不到啜吸入口的时机，少安毋躁。

2. 评鉴味谱、余韵、酸味、厚实感与平衡度

浸泡 8～10 分钟后，咖啡液降温至 70℃，才可开始杯测液化的滋味与鼻后嗅觉的香气。以啜吸方式入口，让咖啡液呈喷雾状平铺口腔和舌头各区位。由于此温度最有利于口腔中的挥发性香气回冲鼻腔，所以味谱、余韵需在此温度时做出评等。杯测师可在水平方向评分栏的给分刻度上，垂直画下给分记号。

咖啡温度降至 60℃～70℃，接着评定酸味、厚实感

和平衡度。所谓“平衡度”是指味谱、余韵、酸味和厚实感是否相得益彰且不致太强、太弱或彼此贬损，由杯测师评定。

杯测师对各种滋味的喜好度，可在不同温度下，重复2～3次的测味，评定其稳定性，然后根据表3-2，依6～10分区块的16个评分等级给分，每级间距为0.25分。如果温度下降造成评分与前次给分有不同，要减分或加分，可在水平评分刻度上再一次垂直画下给分记号，但要在记号上方再画一个箭头，标示分数是朝加分方向还是减分方向变动。

3. 评鉴甜味、一致性、干净度与总评

咖啡降温至38℃以下的室温时，即可对甜味、一致性和干净度进行评等。每个样品豆的5个样品杯都要就这3项测味，每杯最高可给2分，5杯最高10分。

当咖啡液降温至21℃，需停止杯测。

杯测师对该样品整体香气与滋味的喜好度，在总评项目给分，这就是所谓的“杯测师评点”(cupper's points)。

4. 合计总分

杯测师再将干香/湿香、味谱、余韵、酸味、厚实感、干净度、甜味、平衡度、一致性、总评10项的分数标示在每栏右上角的方块里，再加起来，把总分写在最右方的总分方块里。

5. 缺点扣分

出现缺点时，必须确定强度是小瑕疵还是大缺陷，如果两者皆有，则从重“量刑”，每杯扣4分。举例说明，第六样品出现一杯有小瑕疵味，另一杯有大缺陷味，则从重“量刑”，强度以大缺陷味认定，扣4分。缺点扣分为：

2（杯数）×4（强度）＝8（分）

6. 最后得分

将总分减掉缺点的扣分，即为该样品的最后得分，写在评分表最右下角的计分框里。本书简易杯测表格并无扣分项目，有兴趣者可参考SCAA国际竞赛版的评分表格。

SCAA 每年 4 月揭晓的“年度最佳咖啡”，是经过国际权威杯测师层层把关，精筛细选出的稀世精品，论参赛咖啡的质量与规模，堪称世界之最，被誉为“产地咖啡的奥林匹克运动会”，也是当今最具公信力的国际杯测大赛，绝非一般由少数人操控的营利性质的咖啡评比所能比拟。

历年荣入“年度最佳咖啡”金榜的名豆，最后得分至少在 83 分，2011 年竞争更为激烈，脱颖而出的十大“年度最佳咖啡”得分提高到 86 分以上，这与 SCAA 杯测赛声誉日隆、角逐者众有关。

SCAA 与 CoE 评分表的异同

目前较普遍使用的杯测评分表有两种，一为本章论述的美国精品咖啡协会版本，另一为“超凡杯”版本，两者的评分表大同小异，主要区别在于 SCAA 版本采用 10 分制，因此最高分为 100 分，但 CoE 则采用 8 分制，最高分为 64 分，因此最后还需额外加 36 分，凑足 100 分。

另外，CoE 的干香 / 湿香并不计分，仅供评分时参考，而且也没有一致性的评分，因此 CoE 比 SCAA 评分表少了两个给分项目。两大权威杯测组织的评分表，外观看来很不一样，但都很好用，很难论断孰优孰劣。

 应用杯测玩咖啡：三杯测味法 

切勿以为杯测很严肃，仅供比赛专用，其实，杯测花招不少，也能寓教于乐。建议读者使用“三杯测味法”(triangulation)，尽情“玩弄”咖啡。“三杯测味”，顾名思义，就是从三杯咖啡中辨识出味谱不同的一杯。

比如，两杯是同一庄园且烘焙度同为中焙，却故意在第三杯中置入同一庄园但烘焙度稍深的中深焙，一起杯测，挑战能否从酸味和焦香上，辨识出不同的一杯。很容易从中体验到烘焙度不同，咖啡的酸度与酸质也会起变化。

或是以两杯零瑕疵豆，配上第三杯的瑕疵总汇，让味蕾与嗅觉感受零瑕疵与有瑕疵的分野。抑或两杯同为肯尼亚的 SL28 搭配第三杯的印尼多巴湖或塔瓦湖曼特宁，借以了解肯尼亚的酸香明亮调与印尼的闷香调有何不同。如此一来，很容易从这些对比性强烈的杯测中，体验到教科书上学不到的临场感官，既有趣又有效。

读者们何不从今天起，设计三杯测味法的新招式，一起找碴儿，增加自己和同好对咖啡味谱的新认知？

国际级杯测赛，繁文缛节在所难免，但不要因此却步，只要掌握标准化烘焙、标准化萃取与标准化评鉴方法，亦可在家中或为咖啡馆员工进行简易版的杯测训练。

SCAA 杯测赛每支受测样品需 5 个杯子，CoE 需 4 个杯子，以检测各杯的一致性与稳定性，但居家简易版旨在检测味谱及口感的区别，每支待测样品用一个杯子即可。初学者每场杯测以 3～5 支样品为宜，以免阵仗太大，把自己搞迷糊了，杯测表可有可无，旨在多人同时杯测，相互讨论，交流意见，乐趣无穷。以最实用的三杯测味法为例，步骤如下所述。

简易杯测步骤

准备：
相同咖啡杯 3 个
样品豆 3 支（2 支相同，另一支故意不同）
杯测专用咖啡匙数个
清水一碗

第一步　标准化

每支样品豆的烘焙度定在一爆结束至二爆前，烘焙时间为 8～12 分钟。样品 3 支，其中 1 支添加瑕疵豆，磨粉刻度要比虹吸、手冲稍粗，以小飞鹰磨豆机为例，刻度在 #4。

第二步　闻香

3 支粗细度与重量一致的咖啡粉，分装在 3 个杯内，先闻其干香。包括酶作用的酸香和花果香、焦糖化和梅纳反应的甜香、干馏作用（dry distillation）的焦香。

第三步　注水

磨粉后需在15分钟内，以93℃热水冲泡咖啡，以免久置遭氧化，粉与水的比例为1∶19～1∶18，浸泡3～5分钟，勿超过5分钟。

第四步　破渣

第4分钟，由一人以杯测匙的背面破渣，每杯可拨动3次，此时可闻其湿香。

第五步　捞渣

捞除液面的咖啡渣。

第六步　70℃啜吸

浸泡第8～10分钟，咖啡液降温至70℃～72℃，开始鉴赏液化滋味与湿香。以杯测匙啜吸入口，先感受酸、甜、苦、咸四滋味，吞下咖啡后，别忘了回气鼻腔，利用鼻后嗅觉，鉴赏咖啡油脂释出的气化味道，诸如焦糖、奶油、花果香等迷人香气，并留意是否有木头、土腥、药水或酸败的瑕疵杂味以及苦味强弱。除舌头的滋味与鼻后嗅觉的气味外，还需体验咖啡口感，也就是厚实感与涩感，咖啡在口腔里的滑顺感如何。如果有涩感出现，就表示质量有问题了。

第七步　接近室温再啜吸

咖啡液降温至 50℃以下或室温时，务必再啜吸几口，吞下后再咀嚼几下，此时最易判断咖啡的干净度、酸质以及甜感如何，些微的杂味很容易在接近室温时被味觉与鼻后嗅觉侦测出来。

添加瑕疵豆的一杯，很容易经由三杯测味法辨识出来，因为缺陷豆的蛋白质、脂肪甚至有机酸均变质了，会出现不讨好的味谱。如果单独喝一杯含有瑕疵豆的咖啡，不太容易发现，但在三杯测味法的“照妖镜”下，只要一杯内含几颗黑色烂豆，就很容易在另两杯无瑕疵味的对照下，现出魔鬼尾巴。

Chapter 4

第四章

咖啡风味轮新解：气味谱

咖啡、美酒和巧克力，风味万千，岂能以只言片语形容？研究人员于是绘制专属的味谱图，也就是风味轮，加以阐述。十多年来，葡萄酒、啤酒、威士忌、香槟、枫糖浆、柑橘、草莓、巧克力、芝士、雪茄和咖啡的风味轮，争相出笼，解析奇香的味谱结构。

咖啡味谱图分为气味谱与滋味谱，是杯测员进阶钻研的领域。

踏入缤纷多彩的咖啡摩天轮

在各类争香斗醇的风味轮中，咖啡最为深奥难解。伊凡·佛雷曼（Ivon Flament）在其《咖啡香味化学》（*Coffee Flavor Chemistry*）一书中指出，从1960年至今，科学家已从咖啡生豆中分离出300多种化合物，咖啡熟豆更多，超出850种。研究人员相信，咖啡的挥发性、水溶性、有机和无机化合物在1,200种以上，远超过巧克力的300多种以及葡萄酒的150～500种。更不可思议的是，咖啡味谱会随着烘焙度不同而改变，堪称餐饮界的“变味龙”。

“咖啡品鉴师风味轮”[1]（Coffee Taster's Flavor Wheel），

[1] “咖啡品鉴师风味轮”在SCAA官方网站有售，每张印有两图，一为味谱正常的风味轮；另一为生豆变质的风味轮，售价12美元。

也就是咖啡味谱图，是1997年由SCAA资深顾问泰德·林格绘制而成，由正常味谱与异常味谱组成。所谓正常味谱，是指常态下咖啡应有的味谱，而异常味谱是指生豆在不正常状况下，如后制处理、运送和储存不当，致使咖啡的蛋白质、有机酸和脂肪变质，或烘焙失当而出现不好的味谱。

本章与第5章以正常咖啡味谱为主，这也是杯测师必修课目，至于异常味谱，请参考第2章的瑕疵豆。

林格精心编制咖啡风味轮旨在建立咖啡味谱的统一术语，协助杯测员或专业人士，进一步了解咖啡香气与滋味的内涵，今后描述对咖啡的感官领悟，能有相通语言。

然而，咖啡风味轮的内容不乏艰深术语，一般咖啡迷或玩家不甚了解，张贴在杯测室或咖啡馆内，犹如看不懂的无字天书。为了方便解析，笔者不揣谫陋，将林格绘制的咖啡风味轮拆解成两个扇形图，即本章的“气味谱”（见图4-1），以及“滋味谱”（参见第5章），并增补资料，以烘焙度及分子量[1]的不同作为味谱论述的依据，期使人人都看得懂博大精深的“咖啡摩天轮”。

[1] 分子由原子组成，分子量是指组成分子的原子量总和。一般来说，深焙豆的化合物经过不断脱水与聚合，较为复杂，分子量明显大于浅中焙。

咖啡味谱由气味谱与滋味谱构成，前者指挥发性干香与湿香，后者指水溶性滋味。气味谱的香气靠鼻前与鼻后嗅觉来鉴赏；滋味谱的液化滋味由味觉来捕捉。咖啡的气味与滋味常因品种、海拔、水土、产区、后制、烘焙度和萃取不同而改变，但最大的变因是烘焙度与技术的良劣。

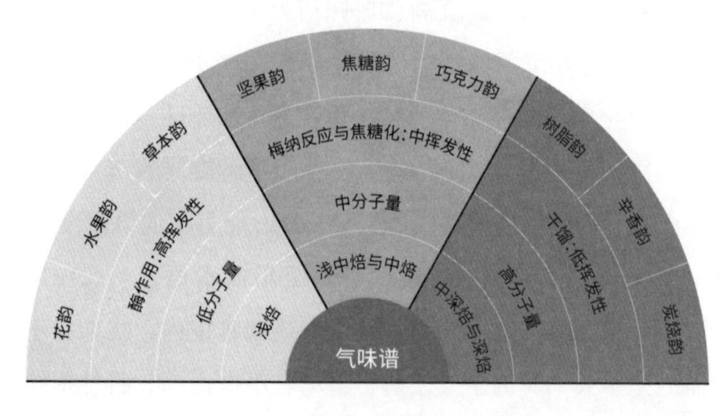

图 4-1 气味谱

烘焙度决定味谱走向

完美烘焙的咖啡熟豆富含一千多种化合物，大部分具有挥发性，因此图 4-1 的扇形气味谱，会比第五章中的扇形滋味谱更为复杂。由于烘焙度决定咖啡味谱走向，笔者遂以浅焙、中焙与深焙为论述的基础。

A.浅焙：一爆中段至一爆刚结束，Agtron#75～#66。

浅焙形成的芳香物，以低分子量化合物居多，香气与滋味很容易辨识，以花果酸香、草本、肉桂、豆蔻，以及谷物、坚果和烤面包为主，质量最轻，所以挥发性最高。咖啡的花果酸香味与生俱来，是酶作用的产物，至于谷物与面包味则是烘焙过程中梅纳反应初期的气味。两者建构浅焙主要味谱。

B. 中焙：一爆结束后至二爆前，Agtron#65～#55。

中焙的芳香物以中分子量化合物居多，质量比前者稍高，为中度挥发性，以呋喃化合物（furan）与吡嗪化合物（pyrazine）为主，亦有上扬入鼻腔的特性，是烘焙过程中焦糖化与梅纳反应中期的产物，芳香物以焦糖、奶油糖、巧克力味为主韵，虽然中焙仍有酸香味、坚果与烤面包味，但明显弱于浅焙。

C. 中深焙：二爆初至中段的剧烈爆，Agtron#54～#40。

D. 深焙：二爆尾，Agtron#40～#30。

中深焙和深焙的芳香物为高分子量化合物，质量比前两者更高，低度挥发性，几无酸香味，系烘焙末段干馏作用的产物，以硫醇、树脂风味物、焦油类和酚类化合物[1]为主，亦有闷闷的上扬性，可归纳为以松脂香、酒气、焦香、呛香，以及焦糖烯和焦糖素的甘苦味为主调。

三大来源，九大韵味

生豆经过烘焙，产生诸多气味，彼此互扬互抑，变化万千，包括水果香、焦糖香、奶油香、树脂味、酒气、稻麦香、炖肉香、胡椒味、比萨味和辛香味……很难为咖啡找出一个主味。林格先把咖啡香气的来源分为酶作用、糖褐变反应（sugar browning）与干馏作用三大类。

A . 浅焙凸显酶作用的花韵、水果韵、草本韵。

B . 中焙凸显糖褐变反应的坚果韵、焦糖韵、巧克力韵。

C . 深焙凸显干馏作用的树脂韵、辛香韵、炭烧韵。

可以这么说，林格将气味谱的芳香物分为三大来源与九大韵味，被归入同一来源的韵味，均有相近的分子量

---

[1] 咖啡富含的酚酸（phenolic acids）类，如绿原酸、咖啡酸、奎宁酸均是多酚类，亦属酚类化合物。这些酚酸虽是强效抗氧化物，但烘焙后的降解物均有苦味，是咖啡最大的苦味来源。

与极性[1]，即具有相似的气味、水溶性与熔点。先从酶作用谈起。

浅焙保留花果香气

浅焙的气味谱主要由酶作用的花草水果酸香味，以及梅纳反应初期的谷物味主导。因为烘焙度较浅，生豆所含的有机酸以及醛酯类芳香物破坏程度最轻，很容易表现出来。另外，梅纳反应初期半生不熟的谷物味也是浅焙豆常有的气味。

杯测界所称的酶作用，主要指分子量较低，且具有高度挥发性的花果酸香味与肉桂、青豆等草本芳香味。而酶作用产生这些香气的机制有二。

一是咖啡种子新陈代谢过程中，会分泌酶将大单位不易吸收的糖类、蛋白质和脂肪等养分，先分解成较微小

---

[1] 简单来说，极性分子是指一分子中原子的阴电性差异，差异越大，极性越高，水溶性也越高。就咖啡芳香物而言，浅焙含量较多的低分子量有机酸，以及中焙含量较多的中分子量焦糖和巧克力风味物的极性较高，水溶性也较高。但深焙豆高分子量的焦糖烯、焦糖素和树脂风味物的极性较低，水溶性也较低，因此浅中焙豆风味分子的水溶性高于深焙豆的芳香物。

的分子，便于种子吸收及萌芽之用。当大单位的养分被酶分解成小单位的养分时，会衍生出苹果酸、柠檬酸与葡萄酸（酒石酸）等水果风味的有机酸，以及酯、醛、醇、酮的化合物，其中的酯类化合物更被誉为果香素。因此，咖啡的花果酸香味，大部分来自咖啡树本身酶作用下的产物。

二是咖啡后制处理的发酵阶段，咖啡豆的果胶层在水洗发酵、干体发酵或日晒处理时，被酵母菌或细菌分解为乳酸、乙酸等有机酸，增加咖啡的酸香调。一般来说，发酵时间越短，酸味越少，越易呈现不明亮的闷酸调，发酵过度则会增加酸败恶味。

另外，水洗或干体发酵后的晒干过程长短，亦影响咖啡的酸味，晒干脱水耗时越长，发酵程度越高，糖分会转成酸性物，因此酸味越重。印尼曼特宁独有的湿刨法，可大幅缩短干燥时间，造就曼特宁低酸闷香的地域之味。

杯测师从 70℃开始测味，直到室温才停，就是在寻找以上所述酶作用下的迷人花香与酸香味，同时也在检测咖啡是否有发酵过度的酸败瑕疵味。这类酸香味在浅焙至中焙，也就是一爆中间至二爆前，浓度最高。

林格大师将气味谱的酶作用，归纳为三大韵味：花韵、水果韵、草本韵。笔者稍加调整，如下所示。

1. 花韵：花香与芳香

花　香：｜咖啡花｜茉莉花｜玫瑰｜薰衣草｜百香果
芳　香：｜肉桂｜豆蔻｜薄荷｜茴香｜檀香｜罗勒｜姜

2. 水果韵：柑橘香与莓果香

柑橘香：｜柠檬｜橘子｜苹果｜葡萄｜菠萝
莓果香：｜乌梅｜蓝莓｜草莓｜黑醋栗｜樱桃｜杏桃

3. 草本韵：草香与葱蒜香

草　香：｜牧草｜甘蔗｜药草｜仙草｜小黄瓜｜包心菜｜豌豆
葱蒜香：｜洋葱｜大蒜｜韭菜｜榴梿｜芹菜

以上是酶作用所产生的香气，由于不耐火候，容易在烘焙中被分解，所以炉温较低的浅焙至中焙，很容易出现这类低分子量、高挥发性的香气，但进入炉温更高的深焙领域，这些花果酸香物则会被热解或转变为其他高分子量产物。酶作用的香气，笔者简单诠释如下。

花味珍稀，橘味精彩

花味是精品咖啡最珍稀的味谱，以咖啡花和茉莉花香为主，埃塞俄比亚的耶加雪菲、西达莫产区或巴拿马翡翠庄园的艺伎，因咖啡品种或水土关系，酶在新陈代谢过程中，产生高浓度的香醛化合物，而出现迷人花香味，近似茉莉花与百香果的气味。

咖啡的水果味谱也很精彩，以柑橘和莓果类为主，埃塞俄比亚耶加雪菲与巴拿马的艺伎是柑橘味的典型，尤其是巴拿马翡翠庄园的艺伎，更是橘香之王。熟豆养味几天，打开袋子，扑鼻的橘香或柠檬皮香气，令人神迷，此乃咖啡所含香酯与香醛的贡献。另外，肯尼亚的国宝品种 SL-28 与 SL-34 带有乌梅与莓果类的甜美酸香，是莓果香气的典范。

浅焙咖啡也常出现肉桂、豆蔻等香料气味，这归因于醛类、酯类、酮类、醇类等挥发性化合物。有趣的是，浅中焙咖啡所含的果香成分呋喃酮（furaneol），亦存在于草莓与菠萝等水果中。

葱蒜味吓人，蔗香迷人

洋葱、蒜头或青葱在完整未切割的状态下，细胞壁未破损，不会有呛鼻气味，一旦切开，细胞组织破裂，酶立刻与原本无味的前驱芳香物相结合，才会产生浓呛刺鼻味。

不可思议的是，咖啡亦有些许葱蒜味。林格大师将之纳入草本韵的附属味谱，虽然若有似无，浓度远低于葱蒜，但笔者相信咖啡产生此味谱的机制，应该与葱蒜的酶作用不同，可能是咖啡成分太复杂，在烘焙催化过程中，因缘际会下，偶尔衍生出葱蒜味的成分。

难怪有些学生在检测干香与湿香过程中，常说闻到比萨味、海鲜酱味、葱蒜味、牛肉汤味……几乎每个人的体验都不同。如果出现浓浓的洋葱味，那就不妙了，肯定是在发酵过程中，咖啡的蛋白质或脂肪变质了。

埃塞俄比亚和也门日晒豆，很容易闻出一股近似榴梿稀释后的水果发酵味或豆腐乳味，似甜香又有点辛呛，是咖啡古国独有的地域之味，有人爱死此味，有人避之不及。另外，色泽蓝绿的精品水洗豆，常散发牧草与甘蔗的综合清甜香，均属迷人的草本香。印尼多巴湖林东产区的曼特宁，即使烘到中深焙，有时还闻得到仙草味，相当有趣。

浅焙最易凸显咖啡豆发育阶段所储存酯醛类和有机酸的挥发性水果酸香味。相对地，瑕疵豆太多的土腥与霉味，以及发酵过度的烂水果酸败气味很容易在无修饰的浅中焙露出马脚，所以，如果不是精品豆最好不要浅焙，以免自取其辱。

另外，浅焙豆常出现的谷物味，并非来自酶作用的产物，而是咖啡浅焙至中焙过程中，也就是梅纳反应初期至中期的味谱，因此被并到浅中焙项下的梅纳反应与焦糖化。

中焙强化坚果、焦糖香气

浅焙的火候较温和，因此酶作用的花草水果酸香物保留最多，很容易闻出咖啡的花果酸香味。如果继续烘焙下去，也就是从一爆结束到二爆前的中焙，甚至刚到二爆的中深焙，酶作用的酸香味大部分已被热解，改由糖褐变反应与梅纳反应的味谱取代。中度烘焙的糖褐变反应，主要指焦糖化并产生焦糖香气。而梅纳反应更为复杂，是碳水化合物与氨基酸相结合的褐变与造香反应，产生坚果、稻麦、黑巧克力与奶油巧克力的迷人香气。

生豆所含的蔗糖占豆重的6%～9%，是焦糖化的主要原料。蔗糖在130℃～170℃被热解为低分子量的单糖类，即葡萄糖与果糖，并释出香气与二氧化碳，但随着炉温升高，到了180℃以上，这些低分子量的单糖不断聚合浓缩，生成颜色更深的中分子量焦糖成分，带有焦甜香气，焦糖化进行到200℃，已近尾声，最后完全炭化。

因此焦糖化随着温度的提高，产出不同的化合物，而产生不同的气味，是很复杂的化学反应，科学家至今仍不

未烘焙过的咖啡生豆，不宜饮用

比较值得注意的是，未经烘焙的咖啡生豆，因为含有催吐成分，诸如丙酸、丁酸和戊酸，如果直接煮水喝，很容易反胃甚至呕吐，但烘焙后这些成分都被中和了，则衍生出更多迷人的香气。

能完全理解。一般来说，焦糖化的香气在中焙至二爆时，最为迷人（但并非绝对），这也是为何 SCAA 杯测赛的烘焙度会以 Agtron#55 的焦糖化程度为准。一旦进入二爆后的深焙世界，味谱则改由更难捉摸的干馏作用主导。

呋喃打造焦糖甜香

咖啡的迷人香气直到 1926 年才由两位顶尖科学家——瑞士的塔德乌什·赖希施泰因（Tadeusz Reichstein）以及德国的赫尔曼·斯陶丁格（Hermann Staudinger）带头研究，首度揭开咖啡香的神秘面纱。20 世纪 50 年代，两人在科学上贡献杰出，分别赢得诺贝尔医学奖与化学奖，堪称“咖啡化学”的鼻祖。

赖希施泰因与斯陶丁格在 1926 年的研究报告中，首度揭橥呋喃、烷基吡嗪（alkylpyrazines）、二酮

（α-diketones）与糠硫醇（furfuryl mercaptan）等29类化合物是咖啡香气的主要成分，其中以呋喃化合物最重要，咖啡的焦糖、坚果、奶油、杏仁香气，甚至水果的甜美香气，均与呋喃化合物有关。

两位大师在当时尚无气相色谱质谱仪（GC-MS）精密仪器辅助的艰困环境下，已在咖啡熟豆中发现了十多种呋喃化合物。2000年后，科学家利用GC-MS等仪器，又从咖啡熟豆中辨识出100多种呋喃化合物，但并不全是迷人香，有些呋喃化合物气味很呛鼻，让世人更了解咖啡香气的组成。

过去以为呋喃是焦糖化的产物，也是中度烘焙焦糖味的主要来源。但近年科学家发觉咖啡香味的生成并不全靠焦糖化，还有许多呋喃化合物是由脂肪降解而来，甚至单糖与氨基酸交互作用，也就是赫赫有名的梅纳反应才是生成更丰富呋喃化合物的主角，因此光靠焦糖化无法解释咖啡烘焙的造香过程，梅纳反应才是咖啡千香万味的催生婆。

梅纳反应胜过焦糖化

梅纳反应是指单糖类碳水化合物（葡萄糖、果糖、麦芽糖、阿拉伯糖）与蛋白质（氨基酸）进行一连串降解与聚合反应，颜色也会变深，1912年由法国科学家梅纳（Louis Camille Maillard）发现。

焦糖化仅止于糖类受热的氧化或褐变反应，梅纳反应范围更广，各类单糖与氨基酸在不同温度下反应，会产生更庞杂的香气，远比焦糖化更为复杂，因为焦糖成分在炉温持续增加下，再度降解并与氨基酸聚合成吡嗪杂环芳香化合物，这是巧克力风味的来源。然而，一般人误以为焦糖化是咖啡甜美香醇的主要功臣，而忽视了更重要的梅纳反应，这与焦糖化的名称较为动听，而梅纳反应的名称较为生硬、冷僻有绝对关系。

要知道，烘焙过程中的坚果、杏仁、奶油和巧克力香气来自梅纳反应，而非焦糖化。换言之，咖啡如果只有焦糖化而无梅纳反应，就只剩下单调的甘苦味，而不是千香万味的饮品了。

林格大师将气味谱的坚果与诸多甜美香气归类为焦糖化反应，似乎太简化甜香的形成，笔者补入梅纳反应，更接近事实。焦糖化与梅纳反应下的气味谱，可归为三大韵味：坚果韵、焦糖韵、巧克力韵，如下所示。

1. 坚果韵：核果与麦芽

核果：｜杏仁｜花生｜胡桃
麦芽：｜玉米｜稻麦｜烤面包

2. 焦糖韵：糖果与糖浆味

糖果：｜太妃糖｜榛果｜甘草
糖浆：｜蜂蜜｜枫糖

3. 巧克力韵：黑巧克力与奶油巧克力

黑巧克力：｜苦香巧克力｜荷兰巧克力
奶油巧克力：｜瑞士巧克力｜杏仁巧克力

以上是焦糖化与梅纳反应在中焙至中深焙过程中所产生的香气谱，其烘焙度与分子量依序为：坚果气味<焦糖气味<巧克力气味。

换言之，坚果香气约在浅焙至中焙时最明显；焦糖香气出现稍晚，约在中焙之后最突出；巧克力香气更晚，约在中焙至中深焙时出现，甚至深焙也有。一般来说，坚果、焦糖与巧克力气味的分子量与烘焙度，均高于酶作用的水果酸香味。如果再继续烘焙下去，进入中深焙或深焙世界，化合物不断进行脱水与聚合反应，分子量更高，豆表颜色更深且挥发性更低，但苦味更高，会呈现截然不同的干馏味谱。

浅焙派独钟花草水果酸香的明亮气味，但无药可救的深焙迷却爱上树脂成分[1]的薰香、闷香、呛香与酒气，此乃梅纳反应与干馏作用的产物。“干馏作用”是指固体或有机物隔离空气，干烧到完全炭化，而隔绝空气旨在防止氧气助燃或爆炸。

以木片包在锡箔纸内进行干馏为例，可制造木炭并生成甲醇、乙酸、焦油和煤气等焦呛产物。咖啡烘焙虽在半封闭的滚筒或金属槽中进行，氧气仍可进出，似乎不像干馏的无氧闷烧环境，但在正常烘焙状况下，咖啡豆不可能烘到完全炭化燃烧，因此重焙豆在燃烧前出炉，所经历的脱水、热解、脱氢和焦化，均与干馏差不多，而且重焙豆会生成很多焦香或辛呛气味成分。因此，林格将深焙的香气归因于干馏作用，不愧为大师的诠释。

浅焙与中焙的芳香物属于低、中分子量，但进入二爆后的深焙世界，炭化加剧，焦糖化气数已尽，但梅纳反应持续进行，氨基酸与多糖类的纤维不断降解与聚合，产生

---

[1] 松柏类的松科与杉科，皆分泌含有萜烯类化合物的松脂，具有辛香味以抵御虫害或松鼠啃食。

更多高分子量的黏稠化合物，香味诠释权从焦糖化转由梅纳反应与干馏主导，以焦香、闷香与辛呛为主。

美国民众常说“One man's meat is another man's poison”，即甲之蜜糖，乙之砒霜药。重焙咖啡正是如此，爱者如痴，恨者如仇。干馏的“香气谱”分为三大类：树脂韵、辛香韵、炭化韵，如下所示。

1. 树脂韵：松节油与呛药味

松节油：｜松脂｜菊苣｜香桃木｜酒气｜黑醋栗枝叶
呛药味：｜迷迭香｜桉油醇｜尤加利叶｜樟脑

2. 辛香韵：温暖与呛香

温暖：｜杉木｜香柏｜芹菜籽｜胡椒｜肉豆蔻
呛香：｜玉桂子｜丁香｜月桂叶｜苦杏｜百里香｜辣椒

3. 炭化韵：呛烟与灰烬味

呛烟味：｜焦油｜柏油｜轮胎｜烟草
灰烬味：｜烧焦｜焦炭

褒贬不一的松杉香气

虽然林格所绘的风味轮，将松脂以及树袋熊最爱的尤加利叶等的辛呛味，归类为干馏作用的香气。但这类辛香味并非深焙的专利，尚未进入二爆的中焙亦常出现。

目前，美国杯测界就为哥伦比亚南部产区娜玲珑(Narino)、薇拉（Huila）的“超凡杯”优胜咖啡，以及萨尔瓦多国宝品种帕卡玛拉、夏威夷柯娜和林东曼特宁，时而有松香味（piney)，而且洪都拉斯知名庄园豆亦有尤加利叶的香气，大惑不解。经专家热烈讨论，最后结论是，这些咖啡庄园说巧不巧，皆有种松树、杉树或尤加利树，这可能是松杉香气的来源。但仍有专家不相信咖啡树附近种了松、杉、樟或尤加利树，辛香成分会被咖啡种子吸收，而且经过烘焙后，居然成为挥发性香味，被鼻子闻出。此议题又为浪漫咖啡香添增几许惊奇。

松脂香究竟该加分还是扣分？有人认为，松节油是恶心的杂味；有人认为，似有若无的松杉香可增加层次感。持平而论，咖啡淡雅的松杉香气只要不呛鼻，并非不好。要知道咖啡豆本身是硬质的纤维质，多少会有木头味或纸浆味，巴西平地的大宗商用豆就有此问题，反观1,500米以上的优质阿拉比卡豆，冲泡后散发清淡温馨的家具松杉香，总比陈腐的朽木味更令人惊喜吧！

至于深焙豆恼人的炭化烟呛味，多半由银皮或纤维的炭化粒子堆积豆表所致，另一部分来自高分子量的挥发性杂环化合物以及酚类化合物。因此，通过干馏打造的树脂香、辛香以及炭化气味，只要有效控制焦呛味，进而凸显淡雅的松香、雪松香、冷杉香，甚至松节油微微的酒气，就应该给予掌声才对。

纤维素是万香之源

以上是烘焙进入二爆后，干馏作用与梅纳反应的气味谱，看着挺吓人，居然有松脂味和炭化味，然而，二爆后的中深焙至深焙，因酸味较低，却是普罗大众最能接受的烘焙度，台湾地区南部尤其明显，浅中焙的酸香韵在当地怕酸不怕苦的咖啡市场，并不吃香。

虽然近年欧美刮起精品咖啡第三波旋风，以较浅的中焙至中深焙为主，很少烘焙到二爆尾的深焙（Agtron#40～#30）或二爆结束（Agtron#30～#20）的重焙，但是二爆尾的烘焙度却是十多年前精品咖啡第二波的绝活，豆表油亮亮的，技术好的话，不但不焦苦，还散发醇酒与松脂的甜呛味，近似香蕉油（乙酸异戊酯）、树脂、香杉或肉豆蔻的呛香，又如同松木家具的温馨香气，每逢寒冬，一杯在手，温暖上心头。

美国西雅图知名的艺术咖啡（Caffe D'arte）堪为此呛香的典型，萃取出来的浓缩咖啡会有酒气与杉柏的香味，煞是迷人。

最近科学家发现中深焙与深焙咖啡的浓郁香气，不是来自蔗糖的焦糖化，而是来自生豆厚实细胞壁结构的多糖类纤维素，这才是孕育硫醇化合物（mercaptan compounds）的“温床”，而硫醇化合物则是熟豆散发浓香与酒气的主要来源。

硫醇造就深焙浓香

自从赖希施泰因与斯陶丁格两位诺贝尔桂冠于1926年的研究报告中指出，呋喃、硫醇化物、烷基吡嗪、二酮是打造咖啡香的要素后，几十年来，科学家在这方面的研究有了重大进展。全球知名的卡夫食品公司（Kraft Foods）化学家托马斯·帕勒曼（Thomas H. Parliment）与霍华德·斯塔尔（Howard D. Stahl），以及英国牛津化学公司（Oxford Chemicals）大卫·罗威（David Rowe）等学者的研究报告，不约而同地指出，咖啡的迷人香，不论浅焙、中焙或重焙，主要来自硫醇化合物，也就是硫醇与呋喃、乙醇、酮类或醛类衍生的浓香化合物。

但咖啡生豆并不含这类化合物，硫醇化合物是烈火淬炼下的产物，会随着烘焙度的加深而增加，硫醇化合物的生成恰与怕火的酸香物背道而驰，深焙豆的硫醇浓度明显高于浅中焙，这就是为何进入二爆的熟豆会比一爆尚未结束的咖啡，更香醇迷人，且更为普罗大众接受。

打开咖啡袋或将咖啡豆磨成粉时，飘出令人陶醉的酒香，主要来自硫醇化合物，但它很容易氧化，新鲜熟豆的硫醇化合物含量远高于不新鲜的走味豆，因此学术界常以硫醇含量多寡作为判定咖啡是否新鲜的标准。

硫醇身世揭秘

《咖啡香味化学》收录的帕勒曼与斯塔尔的研究指出，硫醇化合物的前驱成分阿拉伯半乳聚糖（arabinogalactan）以及半胱氨酸（cysteine），就储藏在咖啡豆厚实细胞壁的纤维素与木质素内。

合成硫醇化合物的原料之一呋喃甲醛就是阿拉伯半乳聚糖的降解产物，硫醇化合物的第二原料硫，来自半胱氨酸热解的产物。换言之，硫醇化合物是咖啡豆细胞壁纤维素、木质素和氨基酸降解与聚合反应的芳香产物，说穿了还是糖类与氨基酸的梅纳反应的功劳，硫醇化合物也可说是呋喃和醛酮类与硫的聚合物。

一般人看到“硫”这个字会联想到硫黄与臭鸡蛋的恶味，但硫与呋喃和醛酮类相结合，会造出迷人香，此乃咖啡浓香的最高机密！

帕勒曼与斯塔尔在美国化学协会发表的《食品中的硫化物》（*The Sulfur Compounds in Foods*）中指出，硫醇会随着咖啡烘焙度增加而增加。根据气相层析仪测得的结果，极浅焙咖啡（Agtron#95）的硫醇不到一万单位，中焙（Agtron#55）的硫醇剧增到五万单位，深焙（Agtron#32）的硫醇飙高到七万单位。

实验室中以碳水化合物以及半胱氨酸复制硫醇，皆需以较高的能量才能造出，这与硫醇在中深焙以上的含量远高于浅中焙不谋而合，显示硫醇的产出需要较高的能量。

硫醇化合物带有巧克力香、奶油糖香、焦香、蛋香，甚至肉香，是浅、中、深焙咖啡的浓香功臣。另外，还有三个化合物与咖啡香密不可分，包括4-乙基愈创木酚（4-ethylguaiacol）、烷基吡嗪以及异戊烯基硫醇（prenyl mercaptan）。三者又与咖啡厚实的细胞壁有关，咖啡豆的纤维素占豆重的40%，这使得咖啡细胞壁结构远比其他种子更为坚硬肥厚。

帕勒曼与斯塔尔在《咖啡为何这么香》（*What Makes That Coffee Smell So Good*）的结语中指出，先前的研究均显示，硫醇化合物的前驱成分，极可能就藏在咖啡厚实坚硬的细胞壁内，此一发现足为“咖啡为何比其他种子或豆类更为香醇迷人”的疑问，提供部分解答。

深焙切忌走火入魔

笔者曾以滚筒式烘焙机试烘黄豆、黑豆、腰果、甜杏、南瓜子，发现这些豆类或坚果存在质地松软、不耐火候的缺点，虽然也有香味，但较之咖啡则天差地远。过去，咖啡化学家聚焦于咖啡的蔗糖、脂肪、蛋白质、葫芦巴碱等前驱芳香物，但近年已转向久遭疏忽的咖啡细胞壁与多糖类的构造问题。如何通过生化、栽植科技和后制处理，提高咖啡细胞壁的厚实度，进而提升烘焙后的风味，将是一个重要课题。

虽然以上的研究指出，硫醇随着烘焙度加深而增加，但请勿曲解为咖啡烘焙愈深愈香醇。要知道烘焙是千百种化合物极为复杂的降解与聚合反应，硫醇虽随着烘焙度加深而增加，但深焙所累积的炭化焦呛粒子以及绿原酸的剧苦降解物也急速增加，很容易遮掩或抵消硫醇的香醇，未蒙其利而先受其害。

如果深焙或重焙技术不够纯熟，切忌走火入魔，最好以二爆初或二爆中段的密集爆赶紧出炉，以免得不偿失，因为有能耐将二爆尾的炭化程度及焦呛味控制到最低的烘焙大师相当罕见。

挑战咖啡气味谱

2011年8月，持有SCAA执照的指导老师黄纬纶，带领首批碧利高才生，远赴SCAA总部，应考精品咖啡鉴定师与杯测师执照。以下照片是考场实景。即使考取SCAA执照，有效期也只有两年，学员仍需秉持“学海无涯，唯勤是岸”的终身学习态度，才跟得上精品咖啡学日新月异的进化脚步。

1 考生被安排在一间有红色光谱的房间内，以嗅觉辨识不同的气味谱。这是 SCAA 检测学员嗅觉灵敏度的奇招之一，因为在红色光谱室里，学员无法用眼力分辨烘焙色度的差异，只好全靠嗅觉来应考。 黄纬纶／摄影

2 考生以嗅觉分辨咖啡样品彼此不同的味谱，分类错了就要被扣分。 黄纬纶／摄影

3 应考精品咖啡鉴定师的学员，向 SCAA 三名主考官详述自己辨识香气的体验与感受，现场气氛肃杀紧张。 黄纬纶／摄影

Chapter 5

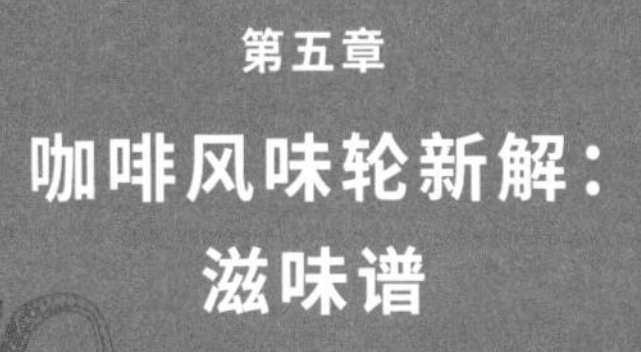

第五章

咖啡风味轮新解：滋味谱

咖啡只有酸、甜、苦、咸四种水溶性滋味，因此，滋味谱不如前一章介绍的气味谱那么复杂。有些酸味与甜味芳香物只有挥发性，需靠嗅觉辨识；有些则无挥发性，只有水溶性，需靠味蕾辨识；另有些酸、甜成分兼具挥发性与水溶性，因此酸味与甜味往往能被嗅觉与味觉同时捕捉到。

至于苦味与咸味则无挥发性，用鼻子闻不到，纯粹属于味觉辨识的滋味范畴了。

咖啡的酸、甜、苦、咸四大滋味的表现，与烘焙度密切相关，因此滋味谱以浅中焙与深烘重焙来归类。巧合的是，浅中焙酸、甜滋味物的分子量较低，且极性较高，水溶性也高，往往在萃取前半段就溶解而出。但苦、咸滋味物分子量较高且极性较低，水溶性也低，往往在萃取后半段才溶出。

咖啡浅焙至中焙的滋味以低分子量与中分子量的酸、甜味为主，但瑕疵豆太多或烘焙不当，即使浅中焙也会出现不讨好的苦、咸滋味。至于深焙则以高分子量的苦味与咸味为主，除非你熟稔传统滚筒式烘焙机的深焙之道，否则不易打破深焙豆苦中带咸的宿命。

但深焙绝非一无是处，最珍稀的深焙味谱——“浓而不苦，甘醇润喉”，经过试验，并非神话。

一般烘焙好的咖啡豆有70%～72%是不溶于水的纤维质，水溶性滋味成分仅占熟豆重量的28%～30%，而这些可溶滋味物的内容如何？SCAA资深顾问林格的大作《咖啡杯测员手册》收录了相关数据，笔者稍加整理如表所示：

表5-1　咖啡水溶性滋味物占比

滋味	化合物	占可溶物百分比
	甜味	
碳水化合物	焦糖	35%
蛋白质	氨基酸	4%
	咸味	
氧化矿物质	氧化钾	8.4%
	五氧化二磷	2.1%
	氧化钙	2.1%
	氧化镁	0.5%
	氧化钠	0.5%
	其他氧化物	0.4%
	酸味	
不挥发有机酸	咖啡酸（绿原酸降解物）	1.4%
	柠檬酸	小于1%
	苹果酸	小于1%
	酒石酸（葡萄酸）	小于1%
挥发性有机酸	乙酸	小于1%
	苦味	
植物碱	咖啡因	3.5%
	葫芦巴碱	3.5%
不挥发有机酸	奎宁酸（绿原酸降解物）	1.4%
酚酸	绿原酸	13%
多酚	酚类化合物	5%

＊百分比表示各滋味成分占咖啡可溶物的重量比率。

以上数据是咖啡熟豆酸、甜、苦、咸可溶滋味物的重量占比，显然甜味成分最多，占可溶物的39%，其次是苦味物，占26.4%，咸味以14%排第三位，酸味占比最低，不超过5.4%，汇总起来为84.8%，其余未在表中列出的，是含量较少的滋味物。

但林格并未说明取样的烘焙度，姑且以杯测惯用的中度烘焙Agtron#55视之，烘焙度不同，这些数值还会有出入，但只要是适口范围内的烘焙度，上述滋味物占比的排序不致有变动。

但请勿望文生义，以为甜味占比最高，咖啡理当甜如蜜，事实并非如此。黑咖啡的苦味、酸味甚至咸味，很容易干扰甜味，这牵涉到酸、苦、咸、甜四味复杂的互抵与互扬关系。唯有生豆的细胞壁肥厚，而且蔗糖与氨基酸含量高于平均值，加上完美烘焙，甜味才能挣脱其他三味的“围剿”，脱颖而出。因此，甜味是精品咖啡最难能可贵的开心滋味。

酸、甜、苦、咸四滋味在浅中焙阶段皆可能出现，但进入深焙世界，有机酸已被热解殆尽，味谱简化为分子量更高的甘、苦、咸三种滋味。在此，先从浅中焙滋味谱谈起，再论重焙滋味谱。

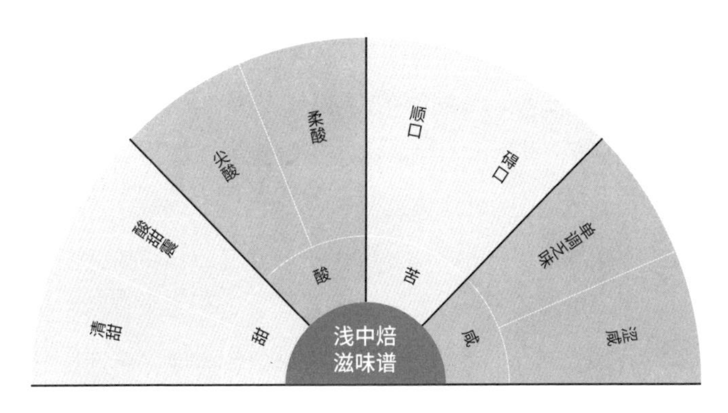

图 5-1 浅中焙滋味谱

浅中焙滋味谱 · 酸味谱：尖酸与柔酸

尖酸：	活泼	明亮	酸震	酒酸味	碍口	杂酸	水洗法
柔酸：	柔顺	闷酸	层次	生津	日晒法	湿刨法	蜜处理

脂肪族酸助长咖啡酸味

酸味是浅中焙咖啡最大的特色，咖啡豆含有各种有机酸，以酚酸、脂肪族酸（aliphatic acids）和氨基酸，对滋味影响最大。林格的《咖啡杯测员手册》指出：在味觉上，如果氨基酸（包括半胱氨酸、亮氨酸、谷氨酸、天门冬氨酸）浓度较高，易有甜味；如果酚酸（包括绿原酸与奎宁酸）浓度高，易有苦味；但脂肪族酸（包括乙酸、乳酸、柠檬酸、苹果酸、酒石酸、甲酸）浓度高，易有尖酸味。虽然咖啡的脂肪族酸含量占可溶物的5.4%，远不如酚酸（占可溶物的13%），但脂肪族酸带有大量的氢离子，是咖啡酸滋味的主要来源。

一般来说，脂肪族酸可增加咖啡的明亮度，而且易与黑咖啡的甜、苦、咸三味互动，呈现有趣的滋味。其中，柠檬酸与苹果酸并无挥发性，是咖啡豆本身新陈代谢的产物，易与黑咖啡的糖分相结合，降低不讨好的尖酸味，而产生近似葡萄酒的剔透酸质，增加浅中焙咖啡的活泼度与层次感，但是柠檬酸与苹果酸畏火，从烘焙开始会一路递减。

值得留意的是，乙酸和乳酸（挥发性脂肪族酸）并非咖啡豆本身新陈代谢的产物，生豆几乎不含，主要来源有二：

其一，来自水洗发酵过程的衍生物，如果水洗发酵过度，乙酸与乳酸浓度飙高，产生令人恶心的酸败恶味。

其二，来自烘焙过程中蔗糖降解的产物，在浅焙至中焙时，蔗糖降解，乙酸和乳酸浓度因而升高，但到了某一顶点，瞬间剧降，这就是浅中焙酸味明显的原因，但进入中焙后的中深焙，乳酸与乙酸迅速瓦解，酸味降低。

简而言之，柠檬酸、苹果酸、乙酸和乳酸是浅中焙咖啡酸溜溜的功臣，但浓度过高亦可坏事，尤其是发酵过度的乙酸和乳酸所造成的尖酸味最为碍口。

表 5-2　重要脂肪族酸占咖啡豆重量百分比

名称	生豆	熟豆
甲酸	微量	0.06%～0.15%
乙酸	0.01%	0.25%～0.34%
乳酸	微量	0.02%～0.03%
柠檬酸	0.7%～1.4%	0.3%～1.1%
苹果酸	0.3%～0.7%	0.1%～0.4%
奎宁酸与奎宁酸内酯（酚酸）	0.3%～0.5%	0.6%～1.2%

*取材自 Viani, R. in *Caffeine, Coffee, and Health.* New York, 1993。

从表 5-2 中，可看出脂肪族酸在生豆与熟豆里的占比。请注意，柠檬酸与苹果酸烘焙后明显降低，而乙酸、乳酸却反其道而行，在浅焙至中焙时，有增长现象。

研究发现，中度烘焙，也就是失重率在 13%～15%

时，各类脂肪族酸含量最多，之后急速降解，酸味渐钝。有趣的是，酚酸类的奎宁酸或奎宁酸内酯（quinide）是绿原酸降解的产物，会随着烘焙度加深而增加，直至重焙才会瓦解。

酸过头的发酵味

一般水洗豆明显比日晒豆更酸嘴，主要是水洗豆的乙酸与乳酸含量较高所致。日晒豆的含盐矿物较多，中和黑咖啡的酸性物，因此酸味较温柔调和，但日晒或半水洗处理法的成分较杂，干净度与剔透感较差，因此酸质比水洗豆沉闷。

尖酸、活泼与剔透是浅中焙水洗豆的特色，而柔酸或闷酸则是日晒豆的特色，但发酵过度的日晒豆或蜜处理豆，也会有骇人的杂酸味。

活泼酸固然是浅中焙重要的滋味，但杯测时要注意，入口的是令人愉悦的有动感的活泼酸，还是令人皱眉的死酸。所谓活泼酸是指果酸入口，“酸震”几秒即化，并引出水果的酸甜味，即酸中带有香甜滋味，称为“酸甜震”不为过。

至于发酵过度的死酸，是指一路酸到底，像粘住舌头，缺欠羽化的律动感，尖酸难忍。浅中焙咖啡的酸碱值（pH 值）在 4.8 ~ 5.1，中深焙在 5.2 ~ 5.4，深焙或重焙的酸度较低，酸碱值在 5.4 以上。至于发酵过度的尖酸咖啡，酸碱值往往低于 4.8。浅焙派的嗜酸族，你喝到的是正常活泼酸还是发酵过度的死酸？切勿走火入魔，将发酵过度的尖酸视为人间美味。

反复加热的杂酸

还有一个杂酸问题值得注意。大家都有经验，用美式滤泡咖啡机泡好咖啡后，持续以 80℃加热保温，20 分钟后，香味不见了，活泼酸变成杂味十足的死酸味，甚至有微咸的酱味。

根据浩克（Hucke J.）与迈尔（Maier H.）两位学者的研究，这是因为硫醇氧化走味了。另外，奎宁酸在烘焙时，有一部分脱水成微苦且无酸味的奎宁酸内酯，一旦泡成咖啡后会有悦口的微苦味，但黑咖啡久置在 80℃以上的保温环境下，奎宁酸内酯又会水解成更多氢离子和奎宁酸，增加不讨好的杂酸味，如果黑咖啡持续保温 1 小时以上，酸碱值会剧降到 4.6 以下，带有浓浓杂酸味。

有趣的是，咖啡泡好后，不要保温加热，任其自然放凉，酸味虽增强了，但不是杂酸味而是干净剔透的酸香味，且多了水果的酸甜感和黑糖味，值得回味。

酸味谱不妨如此归类：脂肪族酸尤其是水果类，可提升咖啡明亮度、动感与酸质，但切勿把发酵过度的乙酸和乳酸，视为顺口的优质酸，另外，咖啡泡好后最好不要加热保温，以免香酸氧化成杂酸。至于酚类化合物，则主要来自绿原酸的降解物，对苦味影响远甚于酸味。

浅中焙滋味谱 · 苦味谱：顺口与碍口

顺口苦：	微苦	甘苦	苦香	
碍口苦：	涩苦	酸苦	焦苦	杂苦

苦味是咖啡四大滋味之一，但无挥发性，只有水溶性，因此很多人怕苦，宁愿闻咖啡香也不肯喝咖啡。咖啡的苦滋味可归类为顺口与碍口两种：前者指咖啡因、葫芦巴碱、脂肪族酸和奎宁酸内酯天然的微苦味；后者指绿原酸的降解物绿原酸内酯（chlorogenic acid lactones）、瑕疵豆和炭化粒子的重苦味。可以说，烘焙技术良窳，关系咖啡的苦味是顺口还是碍口。

绿原酸增加苦味与涩感

很多人以为只有深焙或重焙咖啡才会苦，其实烘焙技术差，即使二爆前的浅中焙咖啡也会有碍口的苦味。譬如，烘焙时间拖太久且风门紧闭或开太小，炉内炭化粒子无法排出，堆积豆表，或是烟管太久未清除油垢，即使浅中焙也会有严重的燥苦或焦苦味。

另外，酚酸类的绿原酸在烘焙过程中，多半会降解为奎宁酸、咖啡酸和绿原酸内酯，这些产物会增加咖啡的苦味，如果绿原酸残留太多，则涩感加重，甚而出现涩苦味。罗布斯塔的绿原酸含量高出阿拉比卡一倍，因此苦涩味较重。最糟的是瑕疵豆太多，尤其是未挑除干净的黑色咖啡豆，即便浅中焙也会有难以下咽的杂苦味。

咖啡因微苦味

白色粉末的咖啡因植物碱，尝起来有苦味，但熔点高达 238℃，远超出一般咖啡 190℃～230℃的出炉温度，故咖啡因在烘焙过程中，不论浅中焙或重焙，并未受损。研究也发现，咖啡因并非咖啡苦味的元凶，充其量只占咖啡苦味的 10%～15%，因为泡煮成咖啡后，咖啡因已被稀释了，算是顺口的微苦味。

咖啡因的苦味要被味觉感受到的门槛浓度是 200ppm（200mg/kg），除非冲泡浓一点才喝得到咖啡因的苦味。有趣的是，虽人工低因咖啡只含 0.03% 的微量咖啡因，但连杯测师也喝不出低因咖啡的苦味与正常咖啡有何不同，因此，咖啡因并非咖啡苦口的主因。

葫芦巴碱意外的甘苦味

葫芦巴碱是咖啡苦味的重要因子，所幸不耐火候，烘焙度越深，葫芦巴碱热解越多，苦味就越低。照理说，浅中焙的葫芦巴碱降解少于深焙，因此浅中焙的苦味会高于深焙。但实际情况并非如此，浅中焙的苦味明显低于深焙。科学家研究后发现，原来浅中焙残余较多的葫芦巴碱的苦味，居然和浅中焙炭化程度较低且甜度较高的焦糖相结合，产生悦口的甘苦滋味。

反观深焙的葫芦巴碱，虽已降解殆尽，几无苦味，但深焙的焦糖炭化程度较高，苦味较高（并非绝对），反而抵消了葫芦巴碱降解后无苦味的功劳。可见葫芦巴碱与焦糖在浅中焙与深焙的甘苦平衡上，占有一席之地。

浅中焙滋味谱 · 甜味谱：酸甜与清甜

酸甜：｜水果味｜酸甜互扬｜酸甜震｜焦糖尾韵｜高海拔水洗豆

清甜：｜柔顺｜甜咸中和｜黑糖尾韵｜日晒味｜中海拔水洗豆

咖啡四大水溶性滋味物，以甜味最多，占可溶物的39%。生豆所含的蔗糖、乙醇、乙二醇类（glycols）和氨基酸等成分，经过烘焙的焦糖化与梅纳反应，浓缩成许多甜美物质，其中的焦糖、呋喃化合物是咖啡甜味的主要来源。

虽然焦糖的挥发香气很容易以回气鼻腔技巧，用鼻后嗅觉来享受，但要喝出黑咖啡的甜味并不容易，因为甜味常被其他酸、苦、咸成分干扰，不易跳脱出来。除非熟豆的甜味成分高出平均值，才可能突围而出，让人喝出甜滋味。换言之，嗅觉远比味觉更容易享受到咖啡的甜感。

酸甜互补增甜

因此，杯测在味觉部分很重视糖分与酸味和咸味的互动滋味。浅中焙甜味谱的酸甜味就是甜味与酸味的互动滋味，最常出现在 1,300 米以上的高海拔水洗豆中。如果柠檬酸、苹果酸和乙酸含量不低，会有尖酸味，但如果咖啡的糖分含量高，就可中和部分果酸，使尖酸变得柔顺、活泼、有动感，而有水果风味，并出现有趣的“酸甜震”滋味。

有“酸甜震”的咖啡放凉后，很容易出现黑砂糖或焦糖的甜感与香气。虽说咖啡最佳品啜温度是 85℃，但内行人会从中高温喝到室温，体验高海拔阿拉比卡酸中带甜的震撼。

咸甜互扬增甜

浅中焙甜味谱的清甜味，主要指日晒豆的甜味。由于日晒处理的脂肪族酸含量较低，矿物质所含的咸味成分很容易与糖分互扬，产生清甜的滋味，但是日晒豆的糖分若低于平均值，就容易出现咸味。另外，清甜滋味也常见于海拔 1,300 米以下的中海拔水洗豆或半水洗豆，印度尼西亚和中国台湾地区所产咖啡以及牙买加蓝山，常有此甜感。

浅中焙滋味谱 · 咸味谱：微咸亦不讨好

微咸：｜浅中焙｜木头味｜单调

重咸：｜深焙｜咬喉｜咸涩｜浓度太高

欠缺有机物易咸

咖啡四大滋味中，咸味较鲜为人知，甚至有人喝了大半辈子咖啡，还不知咖啡也会咸。咖啡咸味来自所含的矿物质，包括氯化物、溴化物、碘化物、硝酸盐、硫酸钾、硫酸锂，以及钠、镁、钙等无机物。

这些咸味成分约占咖啡可溶性滋味物重量的 14%（见表 5-1）。虽然咖啡的咸味无所不在，但往往在酸与甜的互动下，被遮掩于无形。一旦黑咖啡喝出咸味，表示酸味与甜味的有机物已氧化殆尽，致使无机物的咸味被凸显，可视为咖啡走味或不新鲜的警讯。

巴西商用豆风味贫乏单调，主要是咸味的无机物含量较一般产地来得高，中和了有机酸与糖分，因此喝来空空的。如果巴西豆的糖分和有机酸含量太低，就很容易出现咸滋味。印尼豆也常有微咸味，这和海拔较低或阿拉比卡与罗布斯塔混血品种较多有关系。笔者的粗浅经验是，有咸味的咖啡，多半也会有木屑味，这也是欠缺有机物的佐证。一般来说，浅中焙咖啡的咸味较淡，远不及重焙咖啡明显。

深焙增咸

常喝南意[1]重焙浓缩咖啡的人，对重咸咖啡应有切身之痛，出炉后的前五天喝来甘醇有劲，但一周后，咸味出来撒野，一扫品啜雅兴。为何烘焙度较深的咖啡易有咸味？这不难理解，重焙豆的纤维质较松软，细胞壁的蜂巢状空隙多，排气也较旺，有机物更易被排出的二氧化碳带走，而且油脂渗出豆表，加速氧化进程。另外，重焙豆的有机酸含量远低于浅中焙豆，因此咸味成分很容易跳出来“虐待”味蕾。

可以这么说，酸甜有机物较丰富的咖啡，足以抑制咸味出现，但有机物含量少，烘焙度较深，新鲜度不够，甚至冲泡浓度较高，往往成了咸咖啡的温床。就杯测而言，甜味最为热盼渴求，微苦与柔酸亦可增加味谱的丰富度，但咸味则是负面滋味，即使微咸亦不讨好。

---

[1] 南意式烘焙是意式浓缩咖啡（Espresso）豆中最深的一个烘焙阶段。——编者注

以上是二爆前，浅中焙酸、甜、苦、咸的味谱，如果继续烘下去，进入二爆中段的深焙，甚至烘到二爆结束的重焙，咖啡味谱大变，脂肪族酸降解殆尽，明亮的酸滋味消失，炭化加剧且酚类二级降解物增加，苦味加重，味谱简化为沉闷的焦苦、重咸与甘醇三大类。可惜的是，十之八九的咖啡业者，不谙深烘重焙之道，进入二爆中后段，烧得几乎只剩焦苦与重咸两大碍口味谱，让普罗大众对重焙豆产生很大误解，以为深焙豆非焦即苦，一无是处。所幸仍有极少数杰出业者，将深烘重焙的最高境界“浓而不苦，浑厚甘醇”，分享人间。

浓而不苦、甘醇润喉的欧式重焙，在 1966 年由荷兰裔的艾佛瑞·毕特（Alfred Peet）引进美国，并以旧金山起家的毕兹咖啡（Peet's Coffee & Tea）为滩头堡，向美国输出重焙革命，并强调店内新鲜烘焙理念，扭转了美国民众喝走味罐头咖啡的恶习，点燃长达半个世纪的精品咖啡演化史，功不可没。

虽然重焙时尚是精品咖啡第二波的绝技，2000 年后已渐被崛起的第三波浅中焙时尚取代，但大多数咖啡族还是偏好二爆后不酸嘴的风味。令他们上瘾的，当然不是劣质深焙的焦苦咸，而是优质深焙的甘甜喉韵、上扬焦香与微呛酒气。

一般自家烘焙迷习惯以爆米花机来烘豆，这种袖珍烘焙机升温太快，火力不易调控，很难烘出甘醇不苦的重焙豆，这跟设备与技术有绝对关系。可喜的是，近年来，科学家已找出深焙致苦的元凶。重焙味谱可分为优质与劣质，如图所示，盼能导正浅焙迷对深焙的严重误解。

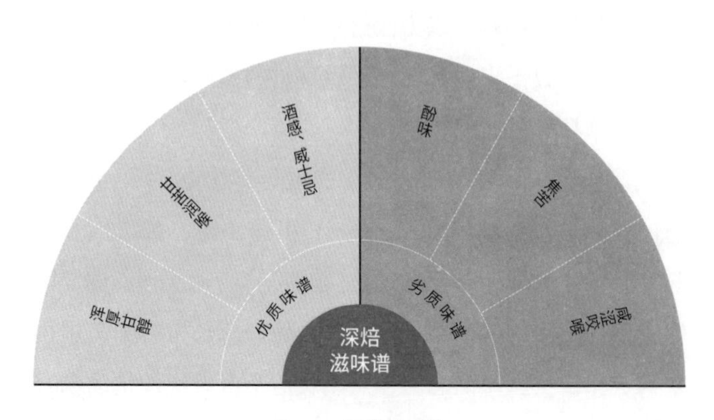

图 5-2　深焙滋味谱

重焙优劣味谱 · 酚类是重焙的苦源

优质重焙 甘醇味谱：| 甘甜震 | 甘苦 | 树脂 | 威士忌 | 润喉

劣质重焙 苦咸味谱：| 酚味 | 焦苦 | 杂苦 | 炭化 | 咸涩咬喉

长久以来，苦味一直是咖啡挥之不去的恶魔，很多人因苦却步。过去积非成是的看法是：咖啡苦味来自焦糖化过剧，浅中焙豆出炉温度较低，所以焦糖炭化程度低，甜味高，苦味低；重焙豆出炉温度较高，所以焦糖炭化程度高，甜味低，苦味高。

这看似有理，实则不然。因为烘焙的化学反应极为复杂，光靠焦糖化不足以解释咖啡的甘与苦。近年来，科学家终于揪出咖啡最大"苦主"，并非大家一直以为的焦糖炭化或咖啡因，而是生豆含量甚丰的绿原酸经烘焙降解的二级酚类化合物。

2007 年，美国化学学会在波士顿召开第 234 届年会，德国慕尼黑科技大学（Technical University of Munich）食品化学家托马斯 · 霍夫曼（Thomas Hofmann）领导的团队发表了一篇论文《加热产生的好坏味道》（*Thermal Generation of Flavors and Off-flavors*），被誉为历来对咖啡致苦成分最详尽的研究报告。

他的团队利用层析技术（chromatography techniques）以及分子感官科技，在一群老练杯测师协助下，逐一检测 25～30 种过去认为最可能造成咖啡苦味的成分，终于揪出咖啡的两大“苦主”——绿原酸内酯与苯基林丹（phenylindanes），前者是浅中焙豆的苦源，后者是深焙豆的剧苦物。

报告指出，咖啡是植物界绿原酸含量最丰富的物种，阿拉比卡的绿原酸含量，占生豆重量的 5.5%～8%，罗布斯塔更高达 7%～10%。绿原酸本身并不苦，但烘焙后苦味迅速加重，在浅中焙阶段降解成 10 种苦口的绿原酸内酯，但仍算是可忍受的悦口苦味，不算恶味。

如果继续烘下去，炉温蹿升，进入二爆后，绿原酸内酯又降解成苯基林丹，具有难忍的剧苦，很容易被味蕾尝出，它的苦味门槛甚低，泡成黑咖啡只要 0.023～0.178mmol/kg，即可尝出剧苦。而且苯基林丹在一般深焙或重焙咖啡中的含量较多，这就是深焙咖啡比浅焙咖啡更苦口的主要原因。有趣的是，过去被认为深焙豆最大“苦主”的高分子量焦糖炭化物，在黑咖啡里却远不如绿原酸内酯与苯基林丹来得苦口。

优质重焙：抑制酚类二级降解物

《加热产生的好坏味道》这篇重要报告让业界首度了解了绿原酸对咖啡苦味的影响，霍夫曼接下来要做的是，如何在咖啡采收后，利用后制技术降低绿原酸含量，从而减少烘焙产生的苦味。他甚至建议植物学家培养绿原酸含量较低的新品种，以降低咖啡苦味。然而，不待霍夫曼完成心愿，早在半个世纪前，欧美已有少数烘焙大师利用操炉的经验，成功抑制深焙豆恼人的苦味，喝来甚至不比浅中焙豆苦口。

这些重焙大师或许不知道原因何在，但霍夫曼的报告出炉后，笔者的解读是：这些技术一流的烘豆大师，以多年操炉经验，善用升温模式、烘焙时间、风门大小和炉温掌控，成功抑制绿原酸内酯在深焙中继续降解为更苦口的二级产物苯基林丹，大幅降低重焙豆的苦味。

优质重焙：抑制焦糖的炭化程度

除抑制酚类致苦物产生外，还必须提高甘醇度才能造出迷人的深焙味谱，也就是提高深烘重焙豆的焦糖甘甜味。这有可能吗？

美国有些浅焙派过度简化焦糖化概念，认为生豆所含的蔗糖经烘焙降解为葡萄糖和果糖，到了170℃，这些单糖开始褐变，升温到204℃时，糖分已完全炭化变苦，因此二爆前的浅中焙咖啡甜味高、苦味低，而二爆后的深焙咖啡，甜味低且苦味很重。此乃过度简化糖褐变所形成的烘焙推理。

不妨做个小实验，以火烧蔗糖（白砂糖）或将蔗糖置入一锅清水煮沸，观察焦糖化的温度与甜苦味变化。

温度在160℃以前，只见糖水起皱发泡，尚未变色，也无香气释出，但甜度最高。待升温至168℃，糖水开始转成淡黄色，释出微微香气。

当温度加热至180℃时，糖水变为金黄色，释出浓浓的焦糖香气，甜度稍降，但有迷人的甘苦味出现。再持续升温至190℃时，糖液变为褐色，香气浓郁，甘苦迷人。

不过，当温度到达204℃时，糖液会加深为暗褐色，出现烧焦味与苦味，且甜味不见了。加热到210℃后，糖液转为黑褐色黏稠物，此时焦呛苦口，成为完全炭化的焦糖素。

蔗糖加热后，色泽与苦味循序渐进，生成三类焦糖成分，依其熔点与分子量，排序如下：焦糖酐（caramelan，熔点138℃）＜焦糖烯（caramelen，熔点154℃）＜焦糖素（caramelin，高分子量深色物）。

若以单纯的水煮蔗糖来看，浅焙派配合上述的烘焙神话似乎合理，但不要忘了咖啡的甜味除焦糖化外，更重要的来源是梅纳反应。咖啡豆除了含有蔗糖，还含有丰富的氨基酸、脂肪族酸、醇类、酯类、脂肪和硫化物，因此咖啡烘焙的热解作用，不止水煮蔗糖的焦糖反应那么单纯。

要知道，葡萄糖和果糖也会和氨基酸、硫化物发生复杂的梅纳反应，在200℃以上生成更多香甜物质，仅以煮糖水的简单焦糖化现象来解释咖啡烘焙，犹如以管窥天，难解全貌。况且咖啡豆的蔗糖，藏在厚实纤维质保护的细胞壁内，抵抗烈火炭化的能耐，肯定高于水煮蔗糖。因此，咖啡烘焙的焦糖化或炭化温度，会比煮糖水的温度高出许多才对。

糖水加热至180℃～190℃时出现最迷人的焦糖风味，但在重焙大师巧手操炉下，咖啡甘苦最迷人的焦糖化的温度，有可能提高到220℃上下。这足以解释为何有些出炉温度超出220℃的深烘重焙咖啡，喝来甘醇浓郁且不苦口：因为大师成功抑制糖分的炭化程度以及酚类二级降解剧苦物的出现，熬到二爆尾才出炉，好让重焙浓香的要角硫醇在最大值出炉，殊为可贵。因为有一些高分子量的甘醇成分，需在较高温环境中才能合成。如果浅中焙咖啡也能获得如此甘醇，浓而不苦又有迷人的酒气，重焙大师何须自找麻烦，费时费工，涉险熬到二爆尾才出炉？

浅焙如葡萄酒，重焙如威士忌

优质重焙咖啡浑厚的甘醇度、树脂香、酒气与甘苦韵，集中在喉头部位，这与味觉与鼻后嗅觉有关，而浅中焙咖啡的清甜与酸甜震，则在舌尖与舌两侧，是截然不同的味觉享受。若说浅中焙咖啡恰似法国葡萄酒，那么重焙咖啡就像苏格兰威士忌或金门高粱酒，各有迷人的味谱。

有趣的是，咖啡评鉴网（Coffee Review）创办人肯尼斯·戴维斯（Kenneth Davids）向来是深焙的毒舌派，几年前他喝到 Peet's coffee、Caffe D'arte、Hair Raiser 的几款烘焙度到达 Agtron#25～#17 的重焙豆，风味非常干净，无碍口的焦苦味，且有浑厚的甘醇味，惊异道："二爆结束的重焙，仍保有如此迷人甘甜味，几乎是不可能的任务……"如果他老人家能以更科学的态度看待咖啡烘焙的糖褐变与梅纳反应，以及重焙致苦物是可抑制的，就不会少见多怪了。

笔者个人经验是：不论是欧式快炒还是日式慢炒，只要掌炉技巧高超，皆可产出优质重焙"浓而不苦，甘醇润喉”的迷人味谱。最大区别在于欧式 12～15 分钟高温快炒，虽然省工，但豆体纤维破坏较严重，赏味期很短，容易变咸。日式 40 分钟低温慢炒，耗时费工，但豆体纤维受创较轻，赏味期较长。

浅中焙盛行，重焙退烧

咖啡烘焙度和精品服饰一样有流行趋势，精品咖啡第二波的深烘重焙，流行了近 40 载，近年已被第三波的浅中焙取代，此乃大势所趋，短期内不易扭转。因为第三波讲究的是不同品种、海拔、水土、处理与庄园的地域之味，这在浅中焙阶段比较容易表现出来，而深烘重焙旨在引出高分子量的呛香、酒气与浑厚甘苦韵，而牺牲中低分子量的酸香清甜水果调，虽然有些辛香、酸香与香木味，在重焙大师的巧手下仍可保留，但有此能耐的大师毕竟少见。

重焙退烧的另一原因与环保和咖啡保鲜有关。重焙产生的烟害与管线油垢问题远甚于浅中焙，而且炉温偏高容易发生火灾，更麻烦的是，重焙豆的纤维质受创较重，比浅中焙豆更不易保鲜，赏味期更短，也更易变咸，这都是重焙退烧的因素。

几十年前，点燃美国精品咖啡火苗的毕兹咖啡，进入2000年后，大肆展店，质量大幅滑落，重焙豆失去昔日的甘醇与酒气，苦咸味却越来越重，最近甚至传出晚辈星巴克有意并购毕兹的消息。反观第三波的后起之秀知识分子（Intelligentsia）、树墩城（Stumptown）、反文化（Counter Culture）、蓝瓶子（Blue Bottle），威望如日中天，春风得意，美国精品咖啡的世代交替，箭在弦上，重焙时尚退烧已成定局，重焙绝技是否因此失传，值得观察。

香味组协助嗅觉与味觉训练

咖啡气味谱和滋味谱看似复杂抽象，但国外已买得到实体的香味组，协助辨识各种咖啡香气与滋味。法国人吉恩·勒努瓦（Jean Lenoir）、大卫·盖尔蒙普雷（David Guermonprez）、埃里克·维迪尔（Eric Verdier）三人调制的“咖啡香味组”（The Scent of Coffee — Le nez du café）包括酶作用、糖褐变反应、干馏作用等，建构咖啡千香万味。其中最重要的是36小瓶香精，并附有香味手册，这对嗅觉与味觉的训练很有帮助，但价格不便宜，36瓶组要价350美元，美国精品咖啡协会有售。

然而，体验这些人工合成的香味瓶，会惊觉一点不像所喝到或闻到的咖啡味道，甚至让味觉与嗅觉很不舒服。这不难理解，因为咖啡令人愉悦的香气与滋味，是千香万味互抑互扬，浑然天成的综合体，如果单项测味或断章取义地鉴赏，岂不打破咖啡百味平衡之美？因此“虐待”感官的概率远高于享受，这是体验香味组必备的心理建设。

Chapter 6

第六章

金杯准则：历史和演进

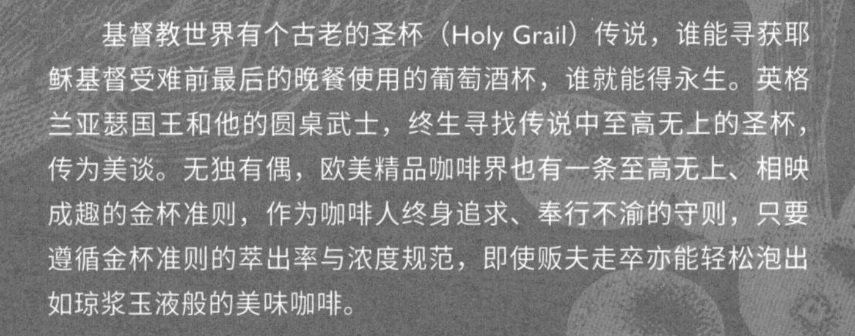

基督教世界有个古老的圣杯（Holy Grail）传说，谁能寻获耶稣基督受难前最后的晚餐使用的葡萄酒杯，谁就能得永生。英格兰亚瑟国王和他的圆桌武士，终生寻找传说中至高无上的圣杯，传为美谈。无独有偶，欧美精品咖啡界也有一条至高无上、相映成趣的金杯准则，作为咖啡人终身追求、奉行不渝的守则，只要遵循金杯准则的萃出率与浓度规范，即使贩夫走卒亦能轻松泡出如琼浆玉液般的美味咖啡。

具有民意基础的金杯准则

其实，金杯准则并非21世纪的新发明，而是越陈越香的萃取理论，经过近半个世纪的冷落与多次修正，直到因缘际会的2008年，巧遇手机大小的神奇萃取分析器(ExtractMoJo)，也就是咖啡浓度检测仪器问世，而咸鱼大翻身。甚至金杯准则尘封数十载的武功秘籍——滤泡咖啡品管图（Brewing Coffee Control Chart）也因此大红大紫，成为欧美精品咖啡第三波职人努力研习的萃取理论。

第二次世界大战后，全美咖啡消费量剧增，美国国家咖啡协会（National Coffee Association）于1952年聘请麻省理工学院化学博士厄内斯特·厄尔·洛克哈特（Dr. Ernest Eral Lockhart）设立咖啡泡煮学会（Coffee Brewing Institute，简称CBI，1952—1964），负责滤泡式咖啡的科学研究、推广与出版工作，并协助中南美咖啡生产国在美国营销咖啡。

洛克哈特博士领导的团队，详细分析咖啡豆结构与成分，发现咖啡熟豆能被萃取出来的水溶性滋味物，只占熟豆重量的28%～30%，其余的70%属于无法溶解的纤维质，也就是说，可萃出的咖啡滋味物，最多只占熟豆重量的30%。

另外，洛克哈特博士通过研究还发现，在咖啡新鲜的前提下，萃出率与TDS是决定一杯咖啡是否美味的两大关键。萃出率与浓度后来成为金杯准则的左右“护法”。

洛克哈特博士是世界上第一位将咖啡抽象的风味，赋予量化数据的科学家。萃出率是指从咖啡粉萃取出可溶滋味物的重量与所耗用咖啡粉重量的百分比值；而TDS也以百分比呈现，是指咖啡液可溶滋味物重量与咖啡液毫升量的百分比值，公式如下。

＊ 萃出率（%）＝萃出滋味物重（克）÷ 咖啡粉重量（克）

萃出率代表咖啡酸、甜、苦、咸滋味“质”的优劣。萃取过度，即萃出率超出22%，易有苦咸味与咬喉感；但是萃取不足，即萃出率低于18%，易有呆板的尖酸味与青涩感。

＊ 浓度（%）＝萃出滋味物重（克）÷ 咖啡液容量（毫升）

浓度代表咖啡酸、甜、苦、咸滋味“量”的强度，过犹不及。滤泡式咖啡的浓度低于 1.15%，即 11,500ppm，滋味太稀，水味太重；滤泡式咖啡的浓度超出 1.55%，即 15,500ppm，一般人会觉得滋味太重难入口。

处女版金杯准则

问题来了，美味咖啡的萃出率与浓度区间究竟几何？20 世纪五六十年代，美国国家咖啡协会为了支持洛克哈特博士的研究计划，特别筹设咖啡泡煮委员会（Brewing Committee），协助他从美国民众中随机取样，归纳出美国民众对咖啡浓度的民意趋向与科学数据。

洛克哈特博士用电动滴滤式咖啡机，故意以不同萃出率和不同浓度冲煮同一产地的中度烘焙咖啡，请民众试喝，并填写有关自认为最好喝与最难喝问题的问卷，研究人员再从近万份的调查中，归纳出美国民众偏好的咖啡萃出率与浓度。

初步研究结果发现，美国民众偏好的咖啡萃出率区间为 17.5% ～ 21.2%，浓度区间为 1.04% ～ 1.39%，这可以说是处女版的金杯准则。

受测民众试饮后，认为咖啡粉被萃出的滋味重量与咖啡粉重量的百分比值为 17.5%～21.2%，所呈现的酸甜苦咸滋味、口感与香气最平衡、好喝，如果低于 17.5%，就是萃取不足，高于 21.2% 就是萃取过度。

受测民众同时认为，萃出滋味重量与黑咖啡液毫升的比值，如果低于 1.04% 会觉得浓度太低，平淡无味，高于 1.39% 会觉得浓度太过而碍口。

修正版金杯准则

洛克哈特博士领导的 CBI 于 1964 年升格为咖啡泡煮研究中心（Coffee Brewing Center，简称 CBC，1964—1975），以助力各项研究计划和推广工作。慎重起见，他协同美国军方知名的中西部研究中心[1]（Midwest Research Institute，简称 MRI）重新检视处女版的数据。

---

[1] 中西部研究中心于 1944 年第二次世界大战末期在美国密苏里州的堪萨斯城创设，旨在转化美军部队剩余的化学武器，用于肥料等和平用途的非营利研究机构，亦接受民间食品相关研究的委托，论件计酬。欧美各国今日的金杯准则皆源自洛克哈特博士与中西部研究中心的修正版本。

几经缜密辩证以及专家杯测后，又将处女版金杯准则的萃出率区间修正为18%～22%，浓度区间调整为1.15%～1.35%。直到今天，美国精品咖啡协会仍采用此修正版本，即咖啡最佳萃出率区间为18%～22%，最佳浓度区间为1.15%～1.35%，这后来也成为挪威和英国金杯准则的学习蓝本。

烤箱烘干，滋味现形

前文提及的调查研究，是人类有史以来首度对咖啡风味进行量化数据的科学研究，耗时二十三载（1952—1975），取样近万，堪称最彻底的“咖啡民意”大调查。但半个世纪前，尚无精密仪器测量咖啡的萃出率与浓度，洛克哈特博士是如何办到的？

他以最简单的土法炼钢方式，以美式咖啡机泡煮咖啡，记下黑咖啡毫升量，再倒进金属器皿，置入烤箱，完全烘干水分，容器内最后只剩下固体粉末，这就是被萃取出的咖啡固态滋味物（可做即溶咖啡），再将此滋味物的重量除以所耗用的咖啡粉重量，即得到萃出率。而将萃出滋味物的重量，除以先前记下的黑咖啡液毫升量，即得到这泡黑咖啡的浓度值。他为了这项量化工程与民意试喝大调查，动用了可观的人力与物力。如果美国精品咖啡协会兴建一座咖啡名人纪念堂，洛克哈特博士肯定有一席之地。据说，他本人也是一位重焙咖啡迷。

洛克哈特博士的量化数据让各界对咖啡萃取学有了更透彻的理解，如图 6-1 所示，有助于读者了解咖啡萃出率与浓度的概念。

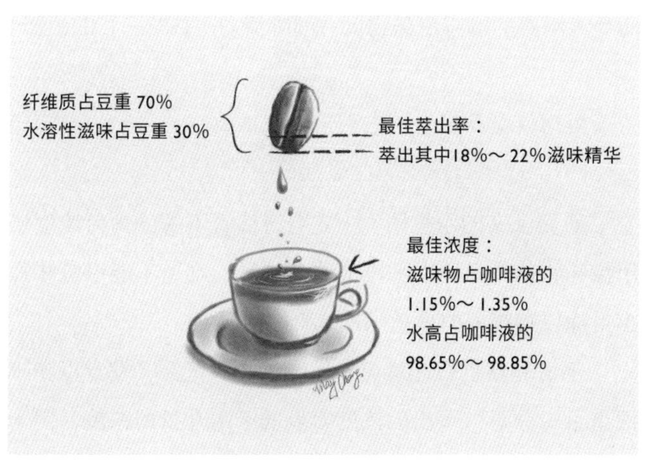

图 6-1　萃出率与浓度示意图

简单来说，咖啡熟豆有 70% 是无法萃取的纤维质，能被热水萃出的滋味物最多只占熟豆重量的 30%。但要泡出美味咖啡，不必硬把 30% 的水溶性滋味物悉数萃出，这会萃取过度，经过洛克哈特博士领导 CBC 所做的“咖啡民意”大调查，以及美国军方 MRI 的调整后，发现只需萃取出 18% ～ 22% 的可溶滋味物，咖啡酸甜苦咸滋味的质量就达到最佳，也就是最均衡，最投美国民众味蕾所好。

而就咖啡粉萃出的滋味物重量与泡煮好的咖啡液毫升量的百分比值来说，1.15% ～ 1.35% 是美国民众最能接受的咖啡浓度，换言之，这杯咖啡的 98.65% ～ 98.85% 是水分，而令人喊爽的咖啡滋味物仅占咖啡液的 1.15% ～ 1.35%。

浓度为何以毫升量为主

看完上文的示意图，一定会有读者不解，为何浓度要用滋味物的重量除以咖啡液的毫升量？难道不能以滋味物重量除以咖啡液的重量吗？这有不同吗？

笔者起初也有此疑惑，但经过多次试算，发觉以咖啡液重量为分母，算出的浓度明显低于毫升量的浓度，因为水加热到 90℃，会失重 3% ～ 4%，换言之，200 克的黑咖啡会比 200 毫升多出 3% ～ 4%，约为 210 毫升。因此，克量的实际萃取量多于毫升量，这会反映在较薄的浓度上。

我以 ExtractMoJo 检测相同条件下滤泡的 200 毫升黑咖啡与 200 克黑咖啡的浓度，也印证了克量的浓度确实低于毫升量的浓度，差距在 3%～4%。原因很简单，200 克黑咖啡至少比 200 毫升黑咖啡多出 10 毫升。

洛克哈特博士从一开始就以毫升量的浓度为主。直到今天，美国精品咖啡协会、欧洲精品咖啡协会（Specialty Coffee Association of Europe，简称 SCAE）以及挪威咖啡协会（Norwegian Coffee Association，简称 NCA），均以毫升量浓度为准。本书也以毫升量浓度为论述依据。如果读者执意以克量浓度为准，理论上并无不可，但切记算出的浓度值会低于毫升量的浓度，占 3%～4%，而且无法和欧美金杯准则认证的数据接轨。

洛克哈特博士首开先河，将抽象的咖啡浓度量化成科学数据，有其耐人玩味的时空背景。

金杯奖：纠正黑心淡咖啡

第二次世界大战期间，美国军人的军粮皆配有即溶咖啡或不新鲜的咖啡粉，以供提神之用，但这些走味咖啡很难喝，必须大量稀释恶味才好入口，美国大兵在战场上已养成喝淡咖啡的习惯。第二次世界大战后，退伍军人顺理成章把喝淡咖啡的习惯带进美国社会，当时一般餐厅的咖啡泡煮比例竟然稀释到 1∶30，即 10 克咖啡粉可泡煮 300

毫升咖啡。

然而，1950 年后，美国婴儿潮时代（baby boomer，1946—1964）因经济繁荣，开始讲究吃喝，美食运动因而崛起。加上美国政府有意提高国人咖啡消费量，借以扶持拉丁美洲咖啡生产国的经济发展。洛克哈特博士主导的 CBI 和 CBC 两大经典咖啡研究机构，就是在此时空背景下诞生的。

1964 年后，洛克哈特博士在美国国家咖啡协会以及泛美咖啡推广局（Pan American Coffee Bureau）的鼎力协助下，推广“金杯奖”（Gold Cup Award）活动，说穿了就是要推广滤泡咖啡的标准化运动，扭转美国民众喝淡咖啡的恶习。

金杯准则的左右“护法”：“萃出率 18%～22%”以及“浓度 1.15%～1.35%”，犹如滚滚惊雷，响彻全美，受检测餐饮业者的泡煮比例，必须从过去稀薄如水的 1∶30，提高为 1∶20～1∶15，也就是要提高浓度，才有可能煮出合乎金杯准则的咖啡。受辅导的咖啡业者只要符合萃出率与浓度的区间值，即可获颁一枚金杯标志，贴在门口，作为消费者购买咖啡的指南。

“金杯奖”立意甚佳，但初期却踢到铁板，推动不易。原因之一是业者为了达到标准，必须增加咖啡用量，这无异于增加成本；原因之二是当时并无可靠仪器，供每日自我检测滤泡式咖啡是否符合萃出率18%～22%以及浓度1.15%～1.35%的标准，因此市场反应冷淡。金杯准则形同陈义过高的空谈而被束之高阁，直到2008年神奇萃取分析器上市，业界有了简便可靠的检测器，金杯准则才开始在美国卷土重来，流行起来，目前认证业务仍由SCAA负责。

金杯、银杯、塑胶杯与空杯奖

美国餐饮业的咖啡浓度和萃取标准，数十年来一人一把号，各吹各的调，毫无标准可言，买一杯黑咖啡要靠运气。因此，精品咖啡界常揶揄美国滤泡咖啡可依浓淡标准，颁予下列六大奖：

· **金杯奖：**浓度为1.15%～1.35%，理论上完美的咖啡，仅见于高档餐厅及咖啡馆。

· **银杯奖：**浓度为0.95%～1.15%，第二流咖啡，常见于各大餐厅。

· **锡杯奖：**浓度为0.8%～0.95%，第三流咖啡，常见于点心吧或各大企业办公室。

· **塑胶杯奖：**浓度为0.55%～0.75%，第四流咖啡，常见于一般小型办公室。

·纸杯奖：浓度为 0.35%～0.55%，第五流咖啡，常见于小气办公室。

·空杯奖：浓度为 0.2%～0.35%，第六流咖啡，清淡如水，黑心业者的最爱。

欧美金杯，互别苗头

虽然洛克哈特博士早期主导的金杯准则与“金杯奖”在美国既不叫好也不叫座，沉寂了半个世纪之久，但他的研究心血却在海外开花结果。挪威、英国和巴西相继引进金杯准则理论，推广滤泡咖啡标准化运动与“金杯奖”活动，大幅提升各国咖啡消费量。

就连近年火红的神奇萃取分析器也是以金杯准则的数据为蓝本，4 年前在美国上市，连续获得 SCAA“2009 年最佳新产品奖”与“2010 年最佳新产品奖”，美国精品咖啡业才猛然觉醒，开始重视萃出率与浓度对泡煮咖啡的实用价值。然而，各国基于民族自尊，对金杯准则的数据仍有小幅调整，以符合各国不同的浓淡偏好。以下是各国金杯准则的规范与推广现况。

如前所述，经过民众试喝，以及CBI、CBC和MRI等研究机构的辩论与修正，洛克哈特博士才制定出美国版的最佳萃出率介于18%～22%，最佳浓度介于1.15%～1.35%（11,500～13,500ppm）的金杯准则数据。1982年，SCAA成立后，即采用此标准，肩负“金杯奖”的推广与认证工作，可惜美国咖啡界的热度远不如欧洲各国，形成外热内冷的尴尬对比，直到2008年后才有起色。

浓度门丑闻

SCAA虽执全球精品咖啡牛耳，但二十多年来却爆发两大丑闻，一件是2004年高层亏空数百万美元的糗事，另一件不妨称为“浓度门丑闻”。原来1996年SCAA以金杯准则为蓝本编写的萃取理论教材，将最佳浓度区间1.15%～1.35%换算为ppm，理应为11,500～13,500ppm，却发生严重错误，少算一个零，教学讲义中竟误为1,150～1,350ppm，被讥为误人子弟十多载，但老大心态的SCAA仍不为所动，一直拖拉到2009年才低调更正。

SCAA 版金杯准则最佳浓度为 1.15%～1.35%，就等同于 11,500～13,500ppm，SCAA 少算一个零，被专家视为罪不可赦的世纪大丑闻。简单换算如下。

1.15% = 0.0115 = 11,500ppm = 11,500×1/1,000,000

1.35% = 0.0135 = 13,500ppm = 13,500×1/1,000,000

相较于台北翡翠水库的水质在 30～60ppm（但鉴于管线锈蚀问题，家用自来水可能稍高，达 90ppm），中南部在 150～400ppm。但咖啡富含无机与有机成分，浓度达 10,000ppm 以上，所以咖啡堪称“夹杂度”或浓度非常高的饮品。

NCA 金杯标准

洛克哈特博士的研究成果产生蝴蝶效应，1970 年后，欧洲各国相继跟进采用此方法，调查国人最偏好的咖啡萃出率与浓度区间。挪威咖啡协会以相同产地与烘焙度，泡煮出浓度与萃出率不同的几款咖啡，邀请民众试喝并填写问卷，归纳出最合挪威大众口味的萃出率，居然与美国不谋而合，同为 18%～22%，但挪威人偏爱的浓度却高于美国，因此 NCA 版金杯准则将浓度提高到 1.3% ～ 1.55%（13,000 ～ 15,500ppm），高居各国之冠。

挪威“蛋咖啡”

金杯准则虽为美国洛克哈特博士首创，但推行最有力的却是天寒地冻的北国挪威。这有其时代背景，第二次世界大战前的挪威是个穷酸国，咖啡虽然早成为挪威的国饮，但挪威人习于不过滤的沸煮式传统，难登大雅之堂，甚至打颗蛋与咖啡一起沸煮，以凝结咖啡渣，方便饮用，这就是挪威赫赫有名的家乡味“蛋咖啡”[1]（Egg Coffee）。

19 世纪大批挪威人移民美国，把不过滤的沸煮法一起带进新大陆，造就美国牛仔沸煮烂咖啡的百年骂名。其实，挪威移民才是美国牛仔咖啡的祖师爷。

---

[1] “蛋咖啡”是挪威的古早味，先打颗鸡蛋与咖啡粉和水搅拌，入锅与一定量的水煮沸后，再加入一杯冷开水，咖啡渣就会被蛋白包住沉淀，而倒出清澈无渣的咖啡，好比经过滤纸的效果一般，这是挪威人的家乡味。网络上仍有相关影片，挺有趣。

挪威一直到1970年前后发现北海油田，经济开始起飞，咖啡质量才有了革命性大跃进。1975年，挪威咖啡协会为了加强咖啡科学研究与相关认证工作，成立欧洲咖啡泡煮研究中心（European Coffee Brewing Center，简称ECBC），这是世界最老牌的独立咖啡实验室，有一群专才为挪威咖啡质量把关。

该研究中心为了推广挪威版的金杯准则——萃出率18%～22%，浓度1.3%～1.55%，先从挪威的电动滴滤式咖啡机着手，各厂牌唯有通过该中心对水温与萃取时间严格标准的确认，才能获颁印有ECBC认证的徽章。在该中心大力倡导下，消费者乐于选购有认证的咖啡机，因而对咖啡机制造商产生约束力。

另外，ECBC人员也扮演“咖啡警察”，不定时到各大咖啡卖场或通路，取样检测咖啡研磨的粗细度是否符合ECBC的要求。比如，采用滤纸的滴滤壶，咖啡粉粗细度要符合4～6分钟的冲泡标准与应有浓度，而挪威传统的沸煮式咖啡粉粗细度要符合6～8分钟的冲煮标准。挪威咖啡协会和麾下的ECBC就靠着规范咖啡机水温、冲泡时间以及各大通路咖啡粉粗细度，来协助消费者更容易掌握金杯准则的萃出率与浓度区间，不费吹灰之力泡出美味咖啡。此一特殊运作机制在全球算是首见。

挪威咖啡消费量也因此从 ECBC 成立前，平均每人每年喝下 7 千克咖啡，扬升到 1980 年至今，平均每人每年要喝掉 10 千克咖啡，成为全球个人平均咖啡消费量最高的国家之一。这全拜 ECBC“管太多”所赐。虽然挪威的“蛋咖啡”令人发笑，但没人怀疑挪威是落实金杯准则最彻底、咖啡品管最严格的国度。

SCAE 金杯标准

1998 年 6 月，在伦敦成立的欧洲精品咖啡协会，也见贤思齐，踵武挪威的做法，制定 SCAE 版的金杯准则，并举办讲习会与训练课程，向餐饮从业人员讲解咖啡总固体溶解量与萃出率的观念，通过鉴定考试的学员，获颁“咖啡泡煮师”(brewmaster) 荣衔，成为金杯准则的“种子部队”。

金杯准则与十字军东征

这好比中古时期的天主教信众，成为十字军战士前，必须先经过宣誓、讲道与考验，才能获颁一枚十字勋章，正式成为教会的战士。挪威咖啡协会以及欧洲精品咖啡协会成为推动欧洲金杯准则及相关认证与教育工作的主力部队。

巧合的是，SCAE 版金杯准则所制定的萃出率区间也是 18% ~ 22%，与 SCAA 以及 NCA 不谋而合，但英国人喜爱的浓度区间为 1.2% ~ 1.45%（12,000 ~ 14,500ppm），低于挪威 NCA 的 1.3% ~ 1.55%，却高于美国 SCAA 的 1.15% ~ 1.35%。

这三国民众对咖啡浓度的偏好，从浓到淡依序为：挪威＞英国＞美国。

ExtractMoJo 金杯标准

神奇萃取分析器是由美国 VST 公司总裁温生 · 费铎 (Vince Fedele) 于 2008 年发明的，只需在手机大小的光学仪器上，滴下 2 ~ 3 毫升冷却的咖啡液，即可精确读出咖啡浓度值，非常方便。这促进了金杯准则的普及。不必再像过去，需用烤箱烘干咖啡液或咖啡渣，先算出咖啡粉冲泡后的失重率，也就是萃出率，接着算出萃出滋味物重量，才能算出咖啡浓度的烦琐古法。

有趣的是，在该检测器问世前，有不少人自作聪明地使用测量自来水或水族箱水质的 TDS 检测笔来测咖啡浓度，却读到错得离谱的数值。因为咖啡是高浓度液体，内含各种有机与无机成分，浓度至少在 10,000ppm，浓缩咖啡更达 100,000ppm 以上，难怪那么黑。但 TDS 检测笔因性能关系，只能检测数百至数千 ppm 以内的浓度，可谓以蠡测海，自不量力，用来检测咖啡浓度是会闹笑话的。

2008 年，ExtractMoJo 发明人费铎与美国精品咖啡名人乔治 · 豪厄尔的同名咖啡公司（George Howell Coffee Company）联手营销神奇萃取分析器，由知名的雷契特光学分析器材公司（Reichert Analytical Instruments）制造，检测的浓度区间达 0 ～ 9%（0 ～ 90,000ppm），因此对滤泡咖啡的浓度检测游刃有余。此系统的诞生，为欧美精品咖啡界投下“震撼弹”，因为使用方便又精准的咖啡浓度检测器，势必加速金杯准则的倡导与执行。美国咖啡界因而重新拥抱金杯准则，2010 年后此系统改由 VST 直接营销。

经验值与科技结合

自 ExtractMoJo 问世以来，浓度与萃出率这两个美味关系值，对咖啡品管的实用价值，赢得全球精品咖啡界一致好评。认同或引用的名人，包括 2006 年世界咖啡师大赛冠军克劳斯 · 汤姆森（Klaus Thomsen）、2007 年世界咖啡师大赛冠军詹姆斯 · 霍夫曼（James Hoffmann）、畅销书《专业咖啡师手册》（*The Professional Barista's Handbook*）作者斯科特 · 拉奥（Scott Rao）、SCAA 理事长兼反文化咖啡股东彼得 · 朱利亚诺（Peter Giuliano）、精品咖啡名嘴兼生豆供应商甜蜜玛丽（Sweet Maria's）老板汤普森 · 欧文（Thompson Owen）等业界名流，他们纷纷采用此二标准值作为咖啡萃取学的依据，为精品界添增新气象。

可以这么说，咖啡师的经验值有了科学数据的辅助，更如虎添翼，增益其所不能。

神奇萃取分析器与欧美同采用 18% ~ 22% 萃出率标准，但并未采用洛克哈特博士和 SCAA 的浓度标准，因为开发此系统的专家嫌太淡，将浓度高低标准上修 0.05%，也就是最佳浓度区间为 1.2% ~ 1.4%（12,000 ~ 14,000ppm）。

虽然欧美对萃出率 18% ~ 22% 有百分之百共识，但对浓度仍无共识。各大金杯标准的浓度，由低到高排序为：SCAA 的 1.15% ~ 1.35% < ExtractMoJo 的 1.2% ~ 1.4% < SCAE 的 1.2% ~ 1.45% < NCA 的 1.3% ~ 1.55%。

从浓度换算萃出率

将几滴冷却后的咖啡液滴在ExtractMoJo的折光镜上，即可读出咖啡的浓度，此机虽无法检测萃出率，但有了精确的浓度值，即可轻松推算萃出率，因为咖啡粉重量以电子秤就可测得，而咖啡液毫升量以量杯即可测得。

简单试算范例如下：

假设咖啡粉重为20克，泡煮好的咖啡液为300毫升，ExtractMoJo检测的浓度为1.4%，那么咖啡粉的萃出率是多少？

引用本章开头的两大公式，先算出萃出滋味物重量，再除以咖啡粉重量，即可算出萃出率为21%。

※ 浓度＝萃出滋味物重量 ÷ 咖啡液毫升

1.4%＝萃出滋味物重量 ÷300毫升

萃出滋味物重量＝ 4.2克

※ 萃出率＝萃出滋味物重量 ÷ 咖啡粉重量

萃出率＝ 4.2克 ÷20克

＝ 21%

因此，浓度1.4%，萃出率21%，虽符合NCA、SCAE、ExtractMoJo的金杯准则，但浓度却比SCAA的1.15%～1.35%高出0.05%。若是让美国民众喝，可能有些人会嫌浓。

ABIC金杯标准

近年，巴西咖啡协会（ABIC）也赶搭欧美金杯列车，公布巴西金杯准则的萃出率区间同为18%～22%，但浓度却超英赶美胜挪威，高达2%～2.4%（20,000～24,000ppm），在咖啡浓度竞赛上，巴西不愧为世界最大咖啡生产国，很有面子。

巴西小咖啡，加糖才文明

巴西人偏好浓咖啡，传统上小小杯又浓又甜的国饮叫“小咖啡”（cafezinho），在街头巷尾的咖啡果汁吧贩售的cafezinho几乎都已加好糖。如果你想点一杯无糖的黑咖啡，会被视为野蛮人。在巴西，喝咖啡加糖才是文明人。

笔者怀疑巴西人喝咖啡喜欢加大把糖的习惯，可能与被淘汰的瑕疵豆转内销有关，巴西国内贩售的平价综合豆，最起码添加 20% 以上的瑕疵豆，如果不加糖，要入口也难。

巴西“小咖啡”的传统泡法是先煮一锅糖水至接近沸腾，再倒进咖啡粉搅拌，之后以滤布去掉咖啡渣，最后倒进小杯子饮用。近年，巴西人也以摩卡壶和浓缩咖啡机来调制 cafezinho。不过，欧美滤泡咖啡的金杯准则并未将巴西另类的“小咖啡”纳入。

萃出率有共识，浓度有歧见

美国、英国、挪威和巴西对咖啡的最佳萃出率区间有共识，同样采用 18%～22% 的标准，但对最顺口的浓度区间，各有坚持，难获共识，这与各民族的口味偏好有关。欧洲人习于稍浓的咖啡，美国人习于稍淡的咖啡，而巴西偏爱甜咖啡的嗜好，充分反映在各国金杯准则不同的浓度区间上。尽管咖啡浓度难有普世标准，但半个世纪以来，萃出率与浓度已成为欧美金杯准则颠扑不破的两大基石。

浓度区间

可以这么说，欧美咖啡族对滤泡咖啡萃出率的共识为18%～22%，浓度虽无共识，但笔者认为不妨可采用1.15%～1.55%的浓度区间（剔除巴西的甜咖啡），即低标浓度采用美国的1.15%，高标浓度采用挪威的1.55%。这应该是欧美绝大多数民众对滤泡咖啡最能接受的浓度区间。

中国的金杯标准何在？

COFFEE BOX

大陆与台湾地区对滤泡咖啡的最佳萃出率与浓度偏好区间值如何？

这是个有趣的议题，相信会落在1.15%～1.55%。笔者和新近成立的台湾中华咖啡发展协会（Chinese Coffee Development Association，简称CCDA）正着手规划相关研究与调查工作，待有确切结果，将再发布新闻稿，公之于世。

Chapter 7

第七章

金杯准则：萃出率与浓度的美味关系

了解了金杯准则的历史与演进后，可以进一步探索金杯准则左右“护法”——“萃出率”与“浓度”两者如何影响咖啡的味谱与浓淡，而咖啡迷该如何运用到冲泡实务中。

更重要的是金杯准则的武功秘籍——滤泡咖啡品管图，此图乃根据各种泡煮比例对应到不同的萃出率与浓度编制而成，并可细分为九大味谱区间，以利于分析滤泡咖啡醇厚、淡雅与咬喉等风味，很值得玩家细究。

揭开咖啡味谱优劣强弱的秘密

咖啡粉磨太细或太粗，水温太高或太低，萃取时间太长或太短，泡煮比例的不同，均会牵动咖啡粉的萃出率以及溶入咖啡液的滋味物多寡，进而影响味谱与浓淡。科学家发现，萃出率与浓度必须在一定的区间内，咖啡才会顺滑好喝，据此制定出量化数据，来诠释咖啡抽象的风味。本章先谈萃出率与浓度精义，最后再谈滤泡咖啡品管图。

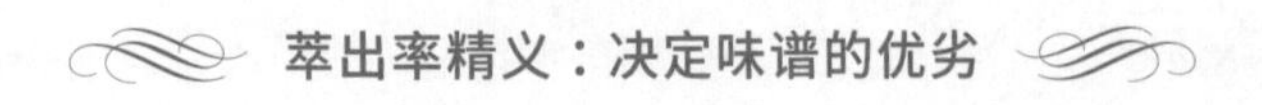

萃出率精义：决定味谱的优劣

洛克哈特博士的研究显示，咖啡熟豆有70%是不溶于水的纤维质，可溶性滋味物仅占熟豆重量的30%，据欧美民众试喝结果，咖啡粉的萃出率在18%～22%，所泡出的咖啡最美味，也就是所谓的“黄金萃出率区间”。

冲泡咖啡时，如果硬把占豆重30%的可溶滋味物悉数萃取出来，萃取过度，会有不顺口的苦酸咸涩与咬喉感；若只萃出18%以下的可溶滋味物，则为萃取不足，易有不活泼的死酸和半生不熟的谷物味与青涩口感，让味蕾不舒服。

因此，萃出率太高或太低，即冲泡咖啡所萃取的滋味物太多或太少，都会影响咖啡的美味度。

前几章曾提到咖啡的风味物有低分子量、中分子量与高分子量三种，这很适合用来解释为何萃出率低于18%，易有死酸、谷物味与青涩口感；超出22%会有苦酸咸涩的咬喉风味；唯有命中18%～22%的“黄金萃出率区间”，在咖啡溶出优质风味的同时，也抑制了劣质风味的释出，百味平衡，才可泡出美味咖啡。

萃取不足的味谱：死酸、谷物味与青涩感

根据洛克哈特博士以及SCAA资深顾问林格的研究，就咖啡萃取而言，风味分子被热水溶解的速度，常因分子量大小与极性高低而有不同。一般来说，质量越小且极性

越高的滋味物溶解速度越快；反之，质量越大且极性越低的滋味物溶解速度越慢。

不知是不是巧合，浅中焙凸显酶作用的花草水果酸香物以及梅纳反应初期的谷物、坚果和土司味物质，分子量较低且极性较高，会优先被热水萃出，因此，萃出率若低于18%，即萃取不足，只会溶解出质量较低且极性较高的风味物，而凸显不活泼的死酸味、谷物味与青涩感。由于中分子量滋味物来不及溶出，从而产生很不平衡的风味。

完美萃取的味谱：香醇甜美，百味平衡

但萃出率如果拉高到18%～22%的黄金区间，中分子量且极性适中的风味分子，也就是梅纳反应中期以及焦糖化反应衍生的甜美芳香物，会紧接着低分子量的酸味和谷物味被萃取出来，巧妙中和了萃取不足的死酸味与青涩感，而扭转极不均衡的味谱。

萃取不足与完美萃取的味谱差异，在冲泡实务上，屡见不鲜。譬如，以中小火泡一壶中焙的赛风，萃取不到40秒即下壶，喝来易有不舒服的死酸味、半生不熟的谷味与些许的青涩感，欠缺活力。再煮一壶，萃取时间延长到

50～60 秒，味谱大为改进，死酸升华为有动感的“酸甜震”，谷味与青涩感消失了，味谱的厚实度大为提高，凸显百味和谐之美。因为中分子量的甜美滋味物被萃取出来，中和了萃取不足的尖酸味谱。

萃取过度的味谱：苦酸咸涩又咬喉

萃出率一旦拉高到 22% 以上，不易溶解的苦涩咬喉物，也就是高分子量且极性低的酚类化合物和炭化物，就会被榨取出来，味谱再度失衡碍口。不过高分子量的风味物只要不过量，并非一无是处，若萃出率能控制在 22% 以内，只会溶出少量树脂、甘苦与焦香成分，有助于味谱的平衡。

可以这么说，咖啡的低分子量、中分子量与高分子量风味物，因极性高低，致使溶解难易有别，会分批萃出，真可谓“轻重有序”。如果萃取强度不够，容易产生萃取不足的味谱，萃取强度太过，则产生萃取过度的味谱。研究显示，萃出率为 18%～22% 时是最完美的萃取强度，优质的咖啡芳香物会在黄金萃出率区间得到极大化。

以下是咖啡不同极性与分子量的风味族群：

＊ 低分子量且极性高的滋味物与香气：挥发性与水溶性最高

柠檬酸、苹果酸、乙酸、甲酸、乳酸、酒石酸、绿原酸、奎宁酸等有机酸和水果花草风味的酯类、醛类和酮类，以及梅纳反应初期的谷物与稻麦味。还有甜美的低分子量焦糖成分，但容易被浅焙较强的酸味抑制。

这些低分子量的滋味与香气是浅焙咖啡常有的风味，由于质量较小且极性高，最易挥发与溶解，在冲泡过程中优先释出。

＊ 中分子量且极性适中的滋味物与香气：挥发性与水溶性次高

以梅纳反应中段与焦糖化产生的味谱为主，包括焦糖、奶油糖、奶油巧克力等优质风味，低分子量焦糖成分进入中焙阶段已转变为微苦的中分子量滋味物，香气迷人。

当然也有不好的滋味，譬如绿原酸内酯的苦味。这都是中焙至中深焙阶段最常出现的味谱，属于中分子量且极性适中，是第二顺位被萃出的风味族群。

＊ 高分子量且极性低的滋味物与香气：挥发性与水溶性最低

梅纳反应后段与干馏作用衍生的亚硝酸盐、杂环族化合物、碳氢化物和酚类化合物。味谱以苦咸、甘苦、酒气、辛香与焦呛为主，包括树脂、黑巧克力、烟草、硫醇以及苦味的焦油、焦糖素、苯基林丹等。

进入中深焙至深焙阶段，最常出现这类高分子量的味谱，但有经验的烘焙师却有能耐降低深焙豆的焦苦。一般来说，高分子量且极性低的咖啡风味物最不易溶解，会在冲泡的最末段或过度萃取时出现。

不论浅焙、中焙或深焙，均含有低分子量、中分子量与高分子量的化合物，但浅焙的芳香物以低分子量较多，中焙以中分子量居多，深焙则以高分子量最多。

影响萃出率的主要原因

冲泡水温、萃取时间、搅拌力道和烘焙度，会与萃出率成正比，而咖啡粉量、磨粉粗细度却与萃出率成反比。换言之，水温越高、冲泡越久、搅拌越用力或烘焙度越深，越易拉高萃出率，也就更容易造成萃取过度。但咖啡粉越多、研磨度越粗，越不易萃取，则越容易造成萃取不足。

值得一提的是烘焙度与萃出率的关系，越浅焙的咖啡纤维质越坚硬，越不易溶出滋味，因此需以较高水温、较长时间或较细研磨度冲泡，以免萃取不足。反之，越深焙的咖啡纤维受创越重，越松软，越易溶出成分，宜以较低水温、较短时间或较粗研磨度冲泡，以免萃取过度。因此，浅中焙咖啡明显比深烘重焙更经得起较强度的萃取。

烘焙度是变因

值得留意的是，洛克哈特博士的金杯准则是以浅中焙咖啡作为滤泡咖啡的取样标准，烘焙度在一爆结束至接近二爆，即 Agtron/SCAA 烘焙色盘 #65 ~ #55。

当时可能是 Espresso 尚未流行或为了取样方便，金杯准则并未扩大到深焙领域。但个人经验是，深烘重焙咖啡的可口萃出率与浓度区间会明显比浅中焙更为狭窄。目前，欧美版金杯准则以浅中焙为主，将来或许会推出深烘重焙版的金杯准则，值得期待，但区间肯定更小。

浓度精义：决定味谱强弱

即使命中 18% ~ 22% 的“黄金萃出率区间”，也只完成了金杯准则双重要件之一，还必须命中浓度的可口区间，才符合金杯准则要义。

从咖啡粉萃出的标准质量滋味物，必须有适当的水量混合稀释，才能泡出浓淡适口的美味咖啡。如果稀释的水量太少，造成滋味太强，反而碍口；如果稀释的水量太多，使得滋味太薄弱，低于味蕾细胞的感官门槛，就会觉得水感太重，失去品啜咖啡的乐趣。

浓度是指溶入杯中滋味物的重量与咖啡液毫升量的比值，以百分比呈现。因此耗用的水量越多，咖啡液的滋味强度越弱，即浓度越低。反之，稀释的水量越少，咖啡液滋味强度越高，即浓度越高。虽然滤泡咖啡的浓淡，如前所述难有普遍适用的标准，但仍有一定的区间值可供参考，欧美滤泡咖啡的浓度范围，显然就落在 1.15% ～ 1.55%（11,500 ～ 15,500ppm）。

笔者采用 SCAA、SCAE、ExtractMoJo、NCA 四大金杯系统的浓度区间 1.15% ～ 1.55% 作为论述依据。别看这高低标浓度只差 0.4%，如果冲泡 1,000 毫升咖啡液，在相同粗细度与水温前提下，要达到高标浓度 1.55% 所耗用的咖啡粉量，会比低标浓度 1.15% 多出 20 克，简单试算如下：

假设泡出的黑咖啡液为 1,000 毫升，且萃出率均为 20%。

A. 已知浓度为 1.55%，萃出率为 20%，泡出 1,000 毫升咖啡液需用多少克咖啡粉？

※ 浓度＝萃出滋味物重量 ÷ 咖啡液毫升量→

1.55% ＝萃出滋味物重量 ÷1,000 毫升

萃出滋味物重量＝ 15.5 克

※ 萃出率＝萃出滋味物重量 ÷ 咖啡粉重量→

20% ＝ 15.5 克 ÷ 咖啡粉重量

咖啡粉重量＝ 77.5 克

B. 已知浓度为 1.15%，萃出率为 20%，泡出 1,000 毫升咖啡液需用多少克咖啡粉？

※ 浓度＝萃出滋味物重量 ÷ 咖啡液毫升量→

1.15% ＝萃出滋味物重量 ÷1,000 毫升

萃出滋味物重量＝ 11.5 克

※ 萃出率＝萃出滋味物重量 ÷ 咖啡粉重量→

20% ＝ 11.5 克 ÷ 咖啡粉重量

咖啡粉重量＝ 57.5 克

77.5 克－ 57.5 克＝ 20 克

运用第六章最前面的两大公式，即可得知，1,000 毫升咖啡液，要达到浓度 1.55%，需要咖啡粉 77.5 克，而要达到浓度 1.15%，需要咖啡粉 57.5 克。浓度 1.55% 的耗粉量，比浓度 1.15% 的多出 20 克。

所以萃出率同为 20%，同样泡出 1,000 毫升咖啡液，但浓度要从 1.15% 增加到 1.55%，需增加 20 克咖啡粉才能一举而竟全功。

内力深厚的浓度

如何解读 1.15% ～ 1.55% 的浓度？这表示一杯黑咖啡中 98.45% ～ 98.85% 是水分，而溶入杯中令人愉悦的咖啡成分仅占 1.15% ～ 1.55%。

以一杯 200 克的黑咖啡为例，杯中的咖啡成分重 2.3 ～ 3.1 克，水的重量达 196.9 ～ 197.7 克。想想看，喝下一杯约 200 克的咖啡，令人喊爽的咖啡成分只有 2.3 ～ 3.1 克，区区的 3 克精华，竟然可造成 200 克咖啡液达 11,500 ～ 15,500ppm 的“夹杂度”，咖啡神奇的力量能不令人折服吗？

浓缩咖啡的萃出率与浓度

虽然金杯准则是以滤泡咖啡为主，但 18%～22% 的黄金萃出率区间，基本上亦适用于浓缩咖啡。笔者据实际经验也发觉精致烘焙的浅中焙浓缩咖啡豆经得起 21%～22% 较高的萃出率，仍极为甜美醇厚，但深焙的浓缩咖啡豆，萃出率如果超出 20%，就易出现苦酸咸涩的咬喉口感。

因此，浓缩咖啡版的黄金萃出率区间，不妨修正为：浅中焙最佳萃出率为 18%～22%，深焙最佳萃出率区间宜为 18%～20%。这只是笔者的浅见，无损洛克哈特博士的研究成果。

浓缩咖啡浓几许

相信浓缩咖啡迷更感兴趣的是，Espresso 到底有多浓，有可供参考的数值吗？虽然洛克哈特博士未做相关研究，不过，近年欧美精品咖啡第三波的好事者，挺身而出做了若干检测，替洛克哈特博士弥补缺憾。

如萃取量稍多，30～45 毫升的意式浓缩咖啡

(Espresso)，浓度在 5%～12%（50,000～120,000ppm）；而萃取量更少，约 15 毫升的意式特浓咖啡，也就是 Ristretto，浓度在 12%～18%（120,000～180,000ppm），这比金杯准则滤泡式咖啡的浓度 1.15%～1.55%，高出 10 倍以上，果然破表了。

意大利人习惯每杯 8 克咖啡粉，萃取量较少，不到 15 毫升的浓缩咖啡，咖啡液重 9～13 克，虽然每杯浓缩咖啡耗粉量与滤泡咖啡的 7～8 克差不多，但 Espresso 或 Ristretto 萃取的咖啡液，比滤泡咖啡少了 10 倍，因此浓度高出十倍，不难理解。

Espresso 浓度检测器出炉

2009 年 ExtractMoJo 又推出浓缩咖啡版的浓度检测器，外观与滤泡咖啡检测仪相同，亦有滤泡与浓缩咖啡双用版的检测器，但检测 Espresso 的浓度区间更宽广，在 0～20%（0～200,000ppm），比滤泡式咖啡的检测区间 0～9%（0～90,000ppm）高出两倍。

洛克哈特博士半个世纪前提出以萃出率与浓度作为检测滤泡咖啡是否美味的两大量化工具，但他绝未料到，自己的研究成果也被应用在浓缩咖啡检测上。大师的影响力，持续发功至今！

武功秘籍：滤泡咖啡品管图

了解了萃出率与浓度精义后，可再深入了解洛克哈特博士于1952—1975年，执掌CBI、CBC期间，根据金杯准则理论，经过MRI专家修正后，编制的滤泡咖啡品管图。以萃出率、浓度以及泡煮比例（咖啡粉量）三大量化工具，作为滤泡咖啡的品管标准，由于精准度极高，至今仍被SCAA、SCAE、NCA与ExtractMoJo奉为“武功秘籍”。请参考下文图表。

金杯方矩：最佳萃出率与浓度交集区间

在图7-1中，最佳浓度1.15%～1.35%的水平线区间，恰与最佳萃出率18%～22%的垂直线区间交集出一个黄金矩形，而泡煮比例50克/1,000毫升、55克/1,000毫升、60克/1,000毫升、65克/1,000毫升的斜线，正好通过此矩形，共筑百味平衡的“金杯方矩”。

此区块的泡煮比例（1∶20～1∶15）、萃出率（18%～22%）与浓度（1.15%～1.35%），已通过美国民众

图 7-1　滤泡咖啡品管图（CBC 版）

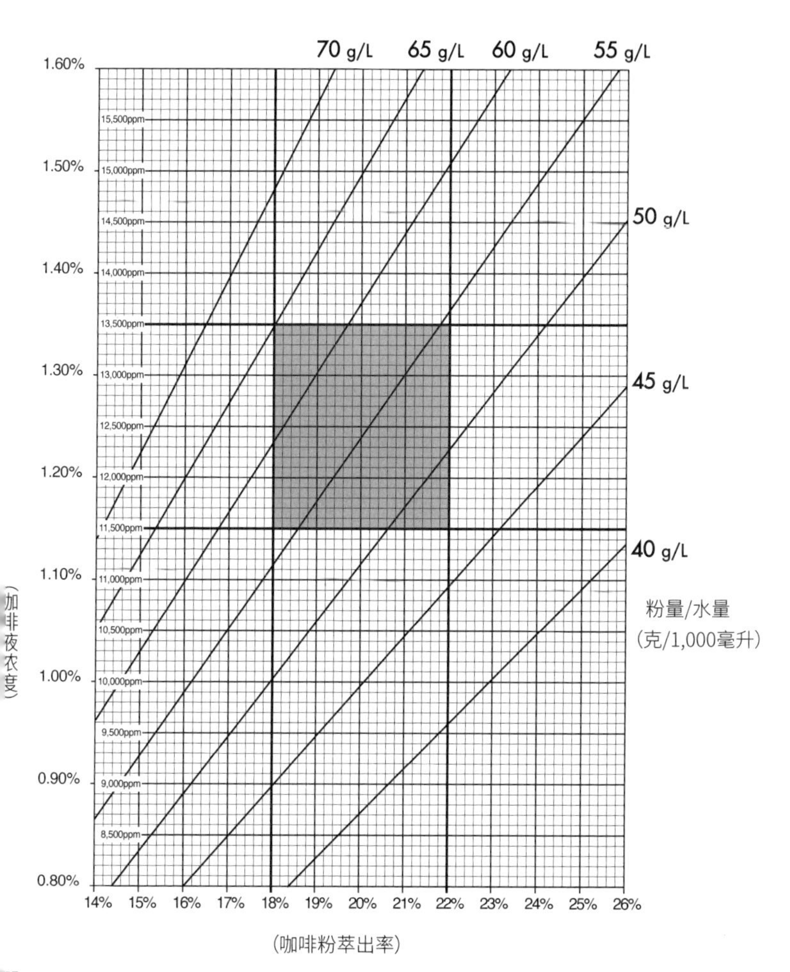

明：

最左边纵轴代表浓度，从最低的 0.80% 到最高的 1.60%。最底部的横轴代表萃出率，从最低的 14% 至最高的 26%。

斜线则代表咖啡粉与生水毫升量的泡煮比例，也就是［粉量（克）/ 水量（1,000 毫升）］，从最低的 40 克 /1,000 升到最高的 70 克 /1,000 毫升。

比表为早期的 CBC 版本，最佳浓度区间 1.15% ～ 1.35%，与最佳萃出率区间 18% ～ 22%，两相交集的黄金方矩，为美国人最偏爱的咖啡浓度与萃出率区间，至今仍为 SCAA 所采用。

此表是洛克哈特博士等专家，以美式滴滤咖啡机在相同研磨度、水量和水温条件下研究编制而成。

此品管图的浓度值显示，美国民众咖啡口味偏淡，对重口味咖啡迷而言，仍有加浓空间，但 18% ～ 22% 完美萃率区间，至今仍被各国奉为圭臬，对咖啡萃取学是一大贡献。

笔者在浓度百分比右侧补进 ppm 数值，方便比较。

试喝，具有坚实的民意基础，成为 SCAA“金杯方矩”的目标区，但 ExtractMoJo 则将浓度区间调高到 1.2% ~ 1.4%，更符合美国民众近年口味趋浓的事实。

星巴克命中蜜点

洛克哈特博士认为咖啡粉与水的最佳泡煮比例落在 1∶20 ~ 1∶15，但美国专家杯测后认为，55 克斜线与萃出率 20% 垂直线以及浓度 1.24% 水平线，三线交会处的滋味与浓度最甜美可口，此交点恰好位于“金杯方矩”的红心点，因此以 1,000 毫升水泡煮 55 克咖啡粉，浓度在 1.24%，萃出率在 20% 是为“最佳蜜点”，此一泡煮比例为 1∶18.18，成为今日 SCAA 杯测赛采用的比例。

有趣的是，笔者几经查访后发现，星巴克滤泡咖啡比例在 1∶18.64 至 1∶17.3，恰好涵盖了“最佳蜜点”，星巴克的泡煮比例捉得相当精准，显然是金杯准则的信徒。反观国内一般咖啡连锁店或便利店的泡煮比例稀释到 1∶25 以上，真不知是喝水还是喝咖啡！

不过，SCAA 刚卸任的理事长彼得 · 朱利亚诺则是 1∶16.66 泡煮比例的捍卫者，经常为文倡导，也就是每 1,000 毫升生水对 60 克咖啡粉，这显然比 1∶18.18 浓一点，显见美国民众已逐渐摆脱淡咖啡之讥。

对应点的算法

滤泡咖啡品管图的水平线、垂直线与斜线的位置与交会点，是有科学根据的，不是乱画出来的，多少粉量（斜线），多少萃出率（垂直线），可泡煮出多少浓度（水平线），自有定数，也就是说，粉量的斜线与萃出率的垂直线交点，自会对应到该有的水平线浓度。而这些对应点，可根据第六章最前面提示的浓度与萃出率两大公式算出。

以泡煮比例 55 克 /1,000 毫升斜线与萃出率 20% 的垂直线相交，会对应到浓度 1.24% 为例，试算如下。

※ 萃出率＝萃出滋味物重量 ÷ 咖啡粉重量

20% ＝萃出滋味物重量 ÷55 克

萃出滋味物重量＝ 11 克

※ 浓度＝萃出滋味物重量 ÷ 咖啡液毫升量

浓度＝ 11 克 ÷［1,000 －（55×2）］＝ 1.24%

金杯准则的水量是以生水为准，根据研究，每克咖啡粉会吸走水分 2～3 毫升，故实际泡出的咖啡液公式如下。

※ 咖啡液毫升量＝［生水毫升量－（咖啡粉 ×2）］
或［生水毫升量－（咖啡粉 ×3）］

因此杯内咖啡液的浓度公式可扩展如下。

※ 浓度＝萃出滋味物重量 ÷ 咖啡液毫升量
＝萃出滋味物重量 ÷［生水毫升量－（咖啡粉 ×2）］

粉量与萃出率成反比

咖啡从业员有必要深入了解 CBC 的滤泡咖啡品管图理论，这对咖啡萃取有很大启发，而非迷信不切实际的神话。该品管图是以室温下 1,000 毫升的生水为准，以美式滤泡咖啡机冲煮，烘焙度定在二爆前的中焙，磨粉刻度相同，唯一不同的是粉量，从 40 克至 70 克不等，因此可分析出粉量多寡对萃出率及浓度的影响。

结论是在固定水量下，粉量与萃出率成反比，这从粉量的斜线与萃出率的垂直线的交点，可以看得很清楚，即粉量越多，萃出率越低。如图 7-1 所示，55 克粉量的斜线与萃出率 20% 垂直线，对应到浓度 1.24%，但粉量增加到 60 克，欲泡出相同的浓度，萃出率必须降至 18.18% 才可，亦可用上述的公式算出，这显示粉量与萃出率的反比关系。

反之，粉量越少，萃出率越高，越易凸显萃取过度的咬喉感。但粉量与浓度成正比，这从粉量的斜线与浓度的水平线交点可看出，即粉越多，浓度越高。

洛克哈特博士根据美国民众试喝的结果，归纳出 50～65 克粉量区间对 1,000 毫升水量（尚未加热的生水）的泡煮比例最可口。对美国民众而言，粉量低于 50 克会太淡，超出 65 克会太浓，也就是说，粉与水的理想泡煮比例在 1：20～1：15，这是美国民众最能接受的泡煮比例，SCAA 至今仍采用此标准。

然而，这毕竟是半个世纪前美国民众的口味标准，2008 年美国 ExtractMoJo 面市，所编的滤泡咖啡品管图，则把浓度提高到 1.2%～1.4%，这比洛克哈特博士版本的浓度 1.15%～1.35%，上修了 0.05%，显见今日美国民众喝咖啡的浓度有提高之势。虽然浓度只小幅提高了 0.05%，但美国最佳泡煮比例仍未脱离 1：20～1：15 的区间范围。

环球版咖啡品管图

如果CBC或SCAA版的滤泡咖啡品管图（见图7-1），加入ExtractMoJo、SCAE和NCA的浓度标准，可扩充为环球版滤泡咖啡品管图（见图7-2）。

图7-2　环球版滤泡咖啡品管图

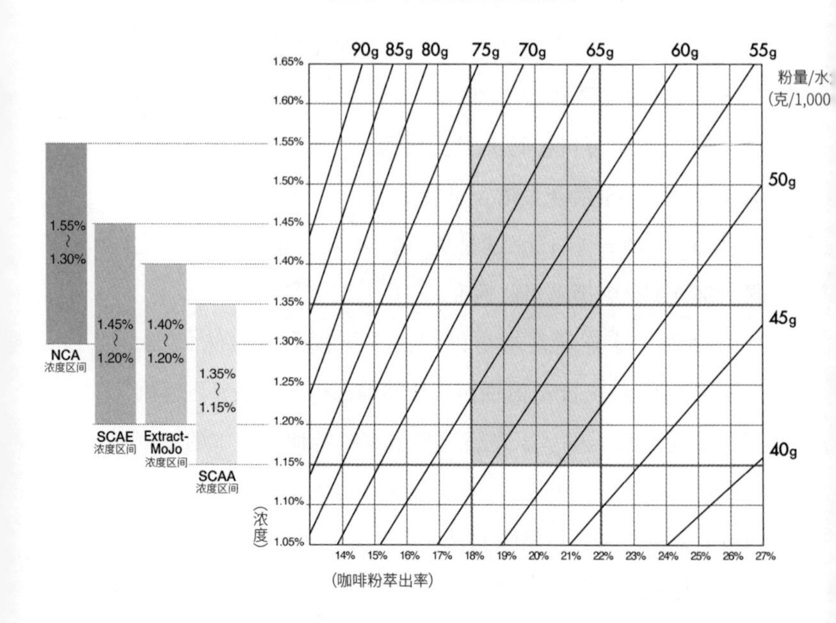

欧美推动金杯准则的咖啡机构皆以 CBC 的滤泡咖啡品管图为蓝本，进一步编制符合各国浓淡偏好的版本。笔者比较后发现，NCA、SCAE 与 ExtractMoJo 的滤泡咖啡品管图，与洛克哈特博士的 CBC 版本大同小异，只在浓度上做了上修，也就是遵循萃出率 18%～22% 的既定轨道，增加粉量将浓度往上挪移而已。换言之，CBC 或 SCAA 滤泡咖啡品管图的浓度区间为 1.15%～1.35%，ExtractMoJo 版的浓度区间为 1.2%～1.4%，SCAE 版的浓度区间为 1.2%～1.45%，NCA 版最浓，为 1.3%～1.55%。

这四大金杯系统的萃出率区间，皆锁定在 18%～22%。进入科学昌明的 21 世纪，各大金杯准则机构咖啡品管图的内容与架构，仍不脱 1965 年 CBC 版本的框架，足见前人种树后人乘凉，洛克哈特博士的研究成果余威未减。

挪威嗜浓增加粉量

因为 CBC 或 SCAA 的版本经挪威民众试喝，觉得偏淡，挪威的滤泡咖啡品管图，将浓度调高到 1.3%～1.55%，但 18%～22% 的萃出率区间不变，也就是说，挪威版本是顺着 18%～22% 的萃出率轨道，上调浓度区间至1.3%～1.55%，因此通过“金杯方矩”的斜线（粉量/1,000毫升），粉量至少要53克，但最多不得超过73.5克，才可泡出符合挪威1.3%～1.55%的浓度区间，也就是说，最佳粉量区间为53～73.5克，泡煮比例介于1∶18.86（1,000÷53）～1∶13.6（1,000÷73.5）。

因此，NCA版的最佳泡煮比例从SCAA版的1∶20～1∶15，拉高到1∶18.86～1∶13.6。换言之，欧美泡煮比例的范围是1∶20～1∶13.6，也就是介于最浓的挪威与最淡的美国之间。

当然，咖啡粉磨细一点或提高萃取水温，可明显拉高萃出率，亦有可能在不增加咖啡粉的前提下，拉高浓度并节省耗粉量，进而增加利润，但太细的咖啡粉或太高的水温，很容易矫枉过正，萃出高分子量的碍口成分，增加咖啡酸苦咸涩的咬喉感，聪明反被聪明误。

咖啡品管图暗藏天机

从字面上看，大多数人以为萃取不足的咖啡清淡无味，萃取过度则浓烈碍口，实则不尽然，这还要视浓度而定。如果以偏高浓度故意制造小幅度的萃取不足（水量太少或粉量太多），则较高的浓度恰好弥补萃取的不足，亦有可能泡出醇厚甜美的咖啡，赛风与手冲，堪为典范。而浓度偏低易造成萃取过度（水量太多或粉量太少），咖啡虽然很稀薄，却有惹人厌的苦味，因此，萃取过度或萃取不足的味谱，端视浓度与萃出率的互动关系而定，相当复杂。

笔者从环球版滤泡咖啡品管图的萃出率与浓度，进阶演绎出 A、B、C、D、E、F、G、H、I 九大方矩的泡煮模式，来解释耐人玩味的醇厚、淡雅、清淡、浓苦、淡苦或咬喉问题（见图 7-3）。

在图 7-3 中，由浓度 1.15% ~ 1.55% 水平线以及萃出率 18% ~ 22% 垂直线，交互切割出 A、B、C、D、E、F、G、H、I 九大方矩。

原则上，浓度在 1.15% 以下区块，以清淡味谱为主，最糟的是又淡又苦；浓度在 1.55% 以上区块，以浓烈味谱为主，从醇厚到咬喉兼而有之；萃出率在 18% 以下区块（18% 左边区域），以萃取不足的味谱为主，从醇厚到清淡如水皆有；萃出率在 22% 以上区块（22% 右边区域），咖啡以萃取过度的味谱为主，从浓苦到又薄又苦。

以下九大方矩，以居中的 E 区“金杯方矩”最为经典，也最符合大众的口味；B 区与 H 区方矩，位处萃出率 18% ~ 22% 轨道内，并无萃取过度或萃取不足问题，只是浓度有差异而已。最值得注意的是 A 区方矩，虽然不符合金杯准则，却是日本和中国台湾地区重口味手冲和赛风族最爱光顾的特区。九大方矩的泡煮模式与味谱，详述如下。

图 7-3　九大方矩：萃取模式与味谱

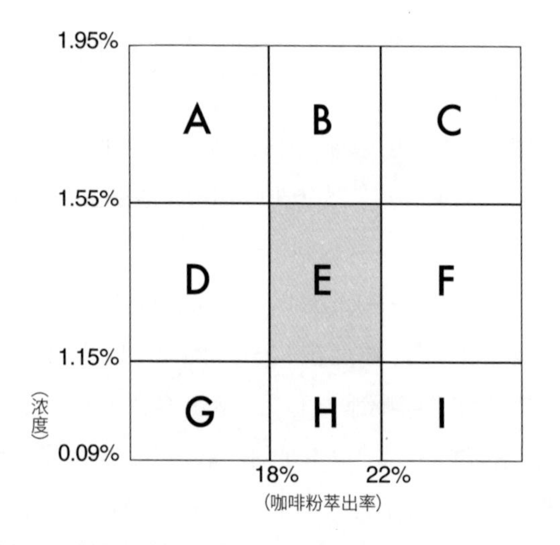

＊理论上，E 区“金杯方矩”百味平衡，是各大咖啡机构完美萃取的目标区。

＊实务上，A 区方矩以较高浓度弥补萃取不足的泡煮模式，是手冲和赛风常用手法。

经典 E 区：萃出率 18%～22%，浓度 1.15%～1.55%

（请参考附录例一）

此区位处最佳浓度与最佳萃出率的交集区，NCA、SCAA、SCAE、ExtractMoJo 四大机构“金杯方矩”的目标区均包含在内，是欧美金杯准则与咖啡萃取学的圣地。

E 区可谓百家争鸣，洛克哈特博士较淡雅的“古早”味谱，半个世纪前已通过美国民意淬炼，后来“移植”到挪威和英国，却被嫌太淡，虽经修正，但“金杯方矩”变动的振幅亦有限，NCA、SCAE、ExtractMoJo 充其量只敢沿着 18%～22% 萃出率的轨道，往上调整浓度而已。

有趣的是，SCAA 至今仍坚持美国民众清淡口味的传统，死守 1.15%～1.35% 为最佳浓度区间。但挪威已上调到 1.3%～1.55%，泡煮比例亦从 SCAA 的 1∶20～1∶15，拉升到 1∶18.86～1∶13.6。

E 区是公认最经典的百味平衡黄金特区，兼具不浪费咖啡与提高甜美滋味的双重优点，是欧美大品牌咖啡连锁店滤泡咖啡的品管目标区间。

浓而不苦 A 区：萃出率低于 18%，浓度高于 1.55%

（请参考本章附录例二）

此区的泡煮模式最具争议性，浓度在标准值 1.55% 以上，但萃出率却在标准值 18% 以下，也就是萃取不足与浓度过高的组合，说穿了是故意以超额粉量，拉高咖啡浓度，以弥补萃取的不足。这种泡煮模式的耗粉量较多，但萃出率偏低，致使过多的咖啡成分残留在咖啡渣里，常被批评为暴殄天物，莫此为甚。

A 区对口味较清淡的咖啡族而言，过于浓烈碍口，但对嗜浓族而言，犹如醇厚甜美的琼浆玉液。日本和中国台湾地区有不少赛风和手冲族，惯用超额粉量并缩短冲泡时间，来压抑苦味并提高厚度、压低酸味并提升香气。就连近年风靡欧美的第三波业者，也常用此法来彰显与众不同的浓厚味谱。

此区的浓度在 1.55%～1.95%，但萃出率却只有 16%～18%，粉量与萃取水量（生水毫升量）比例为 1∶13～1∶12（如采咖啡粉重与黑咖啡液毫升的比值为 1∶11～1∶10）。如以欧美滤泡咖啡的最佳浓度区间 1.15%～1.55%，最佳萃出率 18%～22%，以及最佳泡煮比例 1∶20～1∶13.6 来衡量，A 区的浓度太高，萃出率太低而且粉与水的泡煮比例偏高，并不符合金杯准则。

但为何有那么多重口味手冲与赛风族喜欢这种泡煮模式？道理何在？

前面曾提及低分子量、中分子量与高分子量的滋味与香气理论，足以解释为何增加浓度并降低萃出率，即增加咖啡粉量，缩减泡煮时间与降低搅拌力道的模式，可有效提高咖啡液的醇厚度并规避不讨好的苦涩。

因为低分子量的花草水果酸香物以及中分子量的焦糖滋味物，远比高分子量的焦咸苦涩成分，更易被热水溶解。增加粉量可降低萃出率，进而避开高分子量味谱被萃出的机会，而且缩短萃取时间、降低搅拌力道与减少搅拌次数，亦有抑制萃出率的效果，使得咖啡液只溶入低分子量与中分子量的芳香滋味物，进而防止高分子量恶味被萃取出来，如果控制得宜，偏低的萃出率恰好被偏高的浓度弥补了。

增加粉量以提高浓度并降低萃出率的泡煮模式，旨在溶进更多低分子与中分子量的酸香与甜美滋味物，并抑制高分子量的焦苦咸涩，从而泡煮出浓而不苦的香醇咖啡，但代价是必须增加每杯咖啡的耗豆成本。

但使用这种萃取法要非常小心，以免泡出一杯尖酸碍口的浓咖啡，因为低分子量滋味物均带有明显酸味，而萃取不足恰好又规避了高分子量滋味物的中和，很容易凸显咖啡的酸味，如果烘焙度太浅又采此萃取法，很可能产生反效果。个人经验是，埃塞俄比亚、印度尼西亚、印度等产地酸味较低的咖啡，会比肯尼亚、巴拿马艺伎、帕卡玛拉等具有厚实酸味的咖啡，更适合浓烈 A 区的泡煮模式。基于珍惜大地资源与咖啡农心血，最好还是回归 E 区的正统萃取法。

浓度偏高 B 区：萃出率 18% ～ 22%，浓度高于 1.55%

此区恰好位于 E 区正上方，但仍在 18% ～ 22% 黄金萃出率区间，并无萃取过度或不足的问题，纯粹是浓度拉高的问题，一般来说，此区的苦味会高于 A 区，因为萃出率即使正常，但浓度偏高，很容易凸显苦味。

有趣的是，人类对滤泡咖啡浓度的忍受度似乎远低于 Espresso。笔者对滤泡咖啡浓度的容忍度约为 1.85%（18,500ppm），超出此值就喝不下口，但可轻松喝下浓度为 18%（180,000ppm）的 Ristretto，这比滤泡咖啡浓上 10 倍，为何如此？笔者想，可能是滤泡咖啡冲太浓，风味很容易失衡，而产生碍口的排斥感，而意式浓缩咖啡黏稠度高，香气与滋味丰富，可能因此麻痹或讨好了味觉与嗅觉，进而提高容忍度。

SCAA资深顾问林格曾指出，1.8%的浓度是一般人对滤泡咖啡的忍受极限，这与笔者的上限非常接近。但笔者也遇过容忍度极低的人，有些咖啡族只要超过1.3%就觉得太浓喝不下，这些人多半无法喝Espresso。一般来说，常喝Espresso的人，对浓度的容忍度较高。

特浓剧苦C区：萃出率高于22%，浓度高于1.55%

此区不但萃取过度，更糟的是浓度也超标，是典型的特浓剧苦又咬喉特区，堪称九大方矩中，味谱最不讨好的“禁区”。

萃出率超出22%，溶入太多焦苦酸咸涩的高分子量滋味物，又有超标浓度的叠加效果，味谱肯定剧苦咬喉。如果咖啡粉磨太细、水温过高、萃取时间太久或水量太少，就很容易闯进此虐待味蕾的特区，诸君跟谁有仇就请他喝C区咖啡吧！

风味发展不足D区：萃出率低于18%，浓度1.15%～1.55%

此区位于“金杯方矩”左侧，浓度区间虽符合标准，但萃出率偏低，致使过多的芳香物未能释出，残留在咖啡渣里，滋味与香气略显发展不足。

此区与 A 区虽同属萃出率偏低区，但 A 区有超标的浓度，来补足味谱太薄的缺憾。而 D 区并无超标浓度加持，咖啡喝来少了好几味。解决之道在于提高萃出率，包括咖啡粉少一点、磨细一点、水温高一点或延长萃取时间，择其一即可获改善。

杂苦味偏重 F 区：萃出率高于 22%，浓度 1.15%～1.55%

此区位于“金杯方矩”右侧，浓度区间虽符合标准，但萃出率偏高，致使高分子量恶味溶解过多，容易喝出咖啡的苦咸味与涩感。解决之道在于降低萃出率，包括粉量多一点、咖啡粉磨粗一点或冲煮时间减短点，可改善萃取率偏高的问题。

淡薄无力 G 区：萃出率低于 18%，浓度低于 1.15%

这是九大方矩中最淡而无味的特区，萃出率与浓度皆处于最低区块，喝来水感十足，不像喝咖啡。恳请诸君别太小气，多加点粉量，或磨细点，延长泡煮时间，可改善这些问题。

淡雅 H 区：萃出率 18%～22%，浓度低于 1.15%

此区位于“金杯方矩”正下方，萃出率虽符合标准，但粉量太少、磨粉太粗或泡煮时间太短，致使浓度偏低，但整体风味仍优于 G 区，因为萃出率正常。有些淡口味咖啡迷似乎很喜欢这个淡雅特区。如果想调低浓度，不妨沿着 18%～22% 的轨道，较为正派安全。

黑心咬喉 I 区：萃出率高于 22%，浓度低于 1.15%

（请参考本章附录例三）

此区与 A 区形成强烈对比，前者是添加超额粉量，并缩短萃取时间，刻意萃取不足，来规避高分子量咬喉滋味物，尽量以高浓度的低分子量与中分子量优雅滋味物填补萃取不足。

I 区恰好相反，为了省钱，不惜以低于标准的粉量，用极端萃取手法，比如提高萃取水温、用力搅拌或延长搅拌时间、磨粉刻度调细……尽可能压榨出咖啡所有的水溶性滋味物，连碍口的高分子量滋味物也不放过，以弥补粉量太少与浓度不足问题，此法是黑心店家的最爱，最典型的例子是以 10 克咖啡粉至少泡出 200～300 毫升的赛风咖啡。

不明就里的外行人喝了黑心特区的咖啡，会有特浓的错觉，实则浓度不够，只是被高分子量苦咸涩的咬喉物麻痹而不自知。喝惯了这种黑心咖啡，味觉容易被“教坏”，难怪老烟枪似乎颇能接受这种适用熬中药的泡煮手法，但实际上，浓度偏低、淡苦咬喉是此区的特色。

重口味勿自喜，淡口味勿自卑

如果你对咖啡味谱的偏好度恰好命中 E 区的“金杯方矩”，恭喜你与 80% 的咖啡族共享主流口味的殊荣。如果你偏好 A 区，恐怕要归入重口味一族，并背负浪费咖啡的骂名。有些咖啡族以重口味为豪，但可不要高兴过早，这可能是味蕾细胞少于常人或太迟钝，所以需靠高浓度来刺激助兴。

偏好 H 区淡雅口味的人也不要太自卑，因为你的味蕾数可能高于常人，即使浓度偏低亦能满足敏锐的味觉。浓淡偏好纯粹是个人主观好恶问题，无关对错是非。你对咖啡味谱的偏好，是属于主流族群还是“化外刁民”？

再来探讨一个有趣的问题，新鲜豆泡出的咖啡比过期豆更香醇，因此很多人以为越新鲜的咖啡所含芳香物越多，所以浓度越高，乍听之下似乎合理，其实不然。

根据前述浓度公式，咖啡浓度的高低只和萃入杯中咖啡滋味物的重量，即公式的分子，以及咖啡液毫升量，即公式的分母有关，也就是说，萃入杯内的滋味成分越重，且稀释滋味物的液体越少，则咖啡浓度越高。反之，咖啡浓度越低。

一般来说，新鲜豆与走味豆在相同冲泡条件下，即粉量、水量、水温、时间、粗细度、水流和搅拌力均相同，所泡出的咖啡浓度并无明显差异，虽然香醇度明显有别，但请留意，咖啡芳香物的多寡无法以浓度或总固体溶解量来测量。

《专业咖啡师手册》的作者拉奥做了一项实验，验证了此看法。他将三种新鲜度不同的豆子——第一种是三天前出炉，第二种是一个月前出炉，第三种是两个月前出炉，置于相同的冲泡条件下，以美式滴滤壶泡了40杯咖啡，并以神奇萃取分析系统检测其总固体溶解量，结果发现三天前出炉的新鲜豆所泡的黑咖啡浓度，与一个月前或两个月前的走味豆，并无明显的不同。换言之，走味豆的香醇度虽不如新鲜豆，但萃入杯中的水溶性成分并不比新鲜豆少。

笔者认为，这并不难理解，因为不新鲜豆的芳香物已被氧化，生成其他腐败物质，萃入杯中的成分不但未减，甚至有可能增加，也就是说，走味豆的香醇成分虽已氧化减少了，却生成其他风味不佳的物质，所以浓度并未明显下降。因此，试图以总固体溶解量（浓度）的高低来判定咖啡是否新鲜，将会徒劳无功。

在正常粗细度、水温与萃取条件下，走味豆的粉重与毫升数的泡煮比例只要符合 1∶20～1∶13.6 的浓度区间，仍有可能命中“金杯方矩”，岂不很矛盾？细究的话，并不矛盾，因为浓度代表溶入咖啡液的滋味物多寡，其中包括美味与不美味的成分。因此金杯准则还是以新鲜豆为准较合乎常理。

目前仅能在冲泡时，通过观察排气是否旺盛，来判定咖啡豆是否新鲜。咖啡粉遇热水隆起幅度越大，表示排气越旺，即咖啡越新鲜；如果咖啡粉遇热水，不但未隆起，反而陷下去成陨石坑，则表示咖啡已“断气”，是走味豆的警报。

金杯准则的实证分享

四年前，笔者无意间读到洛克哈特博士半个世纪前研究咖啡浓度与萃出率的文章，深受启发，于是行礼如仪，以烤箱烘干潮湿的咖啡渣，算出咖啡粉的萃出率与咖啡液的浓度，后来又想出日晒大法，以更环保的自然力脱去咖啡渣水分，把麻烦当有趣。

但笔者从检测过程中，更明白了咖啡萃取的精义。2008 年 ExtractMoJo 问世，对检测浓度与萃出率是一大便捷。笔者几经检测，发觉烤箱与日晒大法，果然神准，算出的数据与 ExtractMoJo 几乎相同，是值得依赖的“古法”。

笔者也深刻体会到金杯准则确实好用，浓度与萃出率命中“金杯方矩”的咖啡最为顺口好喝，个人尤其偏好萃出率 19%～20%、浓度 1.3%～1.55% 的黑咖啡，以为最为清甜香醇，不必添加额外粉量，亦不必采用暴力萃取手法，即可泡出醇厚甘甜的好咖啡，这对节省咖啡资源是一大福音。但也有些重口味咖啡族觉得金杯准则所泡煮的咖啡有点清淡，一时间无法适应，相信嗜浓族只要多喝淡雅清甜的咖啡，假以时日会惊觉咖啡过浓反而不易尝出精致多变的层次。

但使用 ExtractMoJo 要很小心，刚泡好的咖啡搅拌均匀，再取出 5 毫升暂置其他容器放凉到 20℃～30℃，才检测得准，该机器对温度非常敏感，咖啡液超出 30℃会失去准头。过去，笔者泡完咖啡后，就忙着晒干或烘干咖啡渣，伺候咖啡渣像伺候小祖宗似的，唯恐有小闪失，失之千里。而今，有了高科技检测器协助，确实方便不少。

精品咖啡演进到第三波主宰的新时代，一切讲究科学数据与辩证，而非无端搬弄神话，以讹传讹。咖啡浓淡已不再是抽象的形容词，专业人士必须以科学数据来说话。过去，咖啡师靠着经验值泡出好咖啡，知道该怎么泡却不知所以然。而今，时代变了，老师傅的压力肯定更大，笔者相信老手在既有经验值的基础上，若能辅以更科学的数据，必能提升专业形象与技能。要知道，经验值与科学数据并不相斥，乃相辅相成。唯有自我升级，迎接第三波考验，才能立于不败之地。

近年，杯测文化大行其道，咖啡馆常见不速之客，持着杯测匙，大声啜吸，品香论味，令人侧目与不爽。而今，第三波狂潮席卷全球精品咖啡业之际，我们中国难保不会出现舞文弄墨的“拗客”，如果哪天有人来踢馆，大喊：“老板，我要喝杯浓度 15,000ppm、萃出率 20% 的曼特宁。另外再来一杯巴拿马艺伎，浓度 13,500ppm、萃出率 19.5%，行吗？”……

该如何泡出客人要求的浓度与萃出率，又该如何以“行话”回应“拗客”？场场好戏行将上演，这究竟是场梦魇还是良性挑战，端视咖啡师因应新局的心态与气度！

附录

自力救济，动手算浓度

如果舍不得花三四百美元购买ExtractMoJo来检测咖啡浓度，何不自己动手算算看？其实很简单，请先备妥电子秤与烤箱，如无烤箱可利用连续四五个艳阳天，亦可精确算出咖啡的浓度与萃出率。ExtractMoJo问世前的“古早人”就是这么算出来的。

第六章中的两大公式：

（1）萃出率（%）＝萃出滋味物重量 ÷ 咖啡粉重量

（2）浓度（%）＝萃出滋味物重量 ÷ 咖啡液毫升量

因此，只要有萃出滋味物重量、咖啡粉重量和咖啡液毫升量，即可算出萃出率与浓度，而咖啡粉重量与咖啡液毫升量，可用电子秤和量杯测得，而萃出滋味物的重量，比较不容易测得，也是最重要的参数。

萃出滋味物其实就是咖啡粉泡煮后所流失的重量，因为滋味物皆萃入杯中了，所以咖啡粉泡煮后，完全晒干或烘干后，再称一次咖啡粉，会发觉萃取后的咖啡粉明显变轻，所流失的重量就是萃出滋味物重量，在此与读者分享以下心得。

萃出滋味物重量＝

泡煮前咖啡粉重量－泡煮后咖啡粉烘干或晒干重量

萃出率（%）＝

萃出滋味物重量 ÷ 泡煮前咖啡粉重量＝

（泡煮前咖啡粉重量－泡煮后咖啡粉烘干或晒干重量）÷ 泡煮前咖啡粉重量

因此，萃出率可说是咖啡粉泡煮后的失重百分比。

只要将泡煮后湿答答的咖啡渣收集齐全，置入烤箱烘干，再取出称重，即可求出萃出滋味物的重量。如果没有烤箱，亦可用阳光曝晒，但要小心咖啡渣被风吹走，否则就失去准头了。泡煮后咖啡粉烘干或晒干的程度要与泡煮前的咖啡粉干燥度一致。

一般来说，咖啡熟豆仍含有3%的水分，因此置入烤箱或用日晒法脱水，最好控制在含水量3%的水平，如有水分测量仪器更佳。原则上，晒干或烘干的粉渣摸起来膨松不粘手，与泡煮前手感相同即可。可借用以下三例换算说明。

例一：咖啡粉20克，泡煮出280毫升咖啡液，请试算咖啡萃出率与浓度。

先算萃出滋味物的重量，泡煮后的咖啡渣经烘干后，称得重量为16克，即可动手试算萃出率与浓度。

※ 萃出率＝（20 － 16）÷20

＝ 4÷20

＝ 20%

※ 浓度＝萃出滋味物重量 ÷ 咖啡液毫升量

＝ 4÷280

＝ 1.42%

萃出率为20%，命中18%～22%的目标，浓度1.42%亦符合金杯准则浓度区间1.15%～1.55%规范，泡煮模式位于“金杯方矩”E 区内。

例二：咖啡粉 20 克，泡煮出 200 毫升咖啡液，请试算咖啡萃出率与浓度。

先算萃出滋味物的重量，泡煮后的咖啡渣经烘干，称得重量为 16.68 克，即可动手试算萃出率与浓度。

※ 萃出率＝（20－16.68）÷20

＝3.32÷20

＝16.6%

※ 浓度＝萃出滋味物重量 ÷ 咖啡液毫升量

＝3.32÷200

＝1.66%

萃出率为 16.6%，低于金杯准则的 18%～22%，且浓度 1.66% 高于金杯准则浓度区间 1.15%～1.55%，因此位于醇厚 A 区，也就是手冲和赛风族惯用的较多粉量泡煮较少咖啡液，故意营造萃取不足，并以高浓度来提升咖啡风味。此种萃取法适合重口味者。

例三：咖啡粉 10 克，泡煮 210 毫升咖啡液，请试算

萃出率与浓度。

先算萃出滋味物的重量，泡煮后的咖啡渣经烘干，称得重量为 7.7 克，即可动手试算萃出率与浓度。

※ 萃出率＝（10 － 7.7）÷10

＝ 2.3÷10

＝ 23%

※ 浓度＝萃出滋味物重量 ÷ 咖啡液毫升量

＝ 2.3÷210

＝ 1.09%

萃出率为 23%，高于金杯准则的 18%～22%，且浓度低于金杯准则的 1.15%～1.35%，因此位于苦口咬喉黑心 I 区，是小气店家试图以较少粉量来省钱的过度萃取戏法。

Chapter 8

第八章

如何泡出美味咖啡：基础篇

如何泡出一杯绝品，为人间添香助兴，是咖啡师摩顶放踵的职志。然而，人类五官很主观，要泡出一杯众人皆赞、无可挑剔的完美咖啡，几乎不可能；大多数人认为香醇可口的好咖啡，却总有人嫌浓、骂淡、畏酸或嫌不够烫……一杯咖啡要讨好悠悠众口，谈何容易！

但切勿因此丧志，只需五大要诀：备妥度量衡工具、掌握新鲜度、掌握粗细度、掌握 3T、掌握泡煮比例，即可轻松泡出一杯挑逗味蕾的好咖啡。

魔鬼与好神，尽在泡煮细节里

德国有句谚语“魔鬼藏在细节里”(The devil is in the details)，法国也有句古谚“好神藏在细节里”(Le bon Dieu est dans le détail)，这两则谚语用来形容咖啡萃取，再恰当不过。

泡咖啡看似简单，实则暗藏许多容易因小失大的细节，举凡熟豆几克、水量几毫升、水温几摄氏度和萃取几秒……稍有闪失很容易泡出“魔鬼”。然而，“好神”亦藏在细节里，你越尊敬咖啡度量衡，越可能泡出“天使”。

工欲善其事，必先利其器，学泡咖啡请先备妥度量衡工具，包括电子秤、数位温度计、咖啡匙、量杯和计时器，即可精准掌握泡煮比例、萃取时间与温度，亲近好神而远离魔鬼，进而提高冲煮的稳定性，不致好坏无常。

量杯
电子秤
温度计
咖啡匙
计时器
ExtractMoJo

很多初学者甚至老手常忽略度量衡工具，泡咖啡全靠感觉为之，犹如瞎子摸鱼，不易明了咖啡萃取的全貌。有了以下辅助小工具，今后泡咖啡更接近真理，远离神话，很容易泡出自己喜欢的浓淡与味谱。

工具介绍：电子秤

500～2,000克规格的液晶数位电子秤，最适合为咖啡豆重量把关。500克规格的称重范围虽小，却最为灵敏，最小感重单位为0.5克，而且可随身携带，除了可称出每杯咖啡的耗豆量，亦可辅助萃出率的研究，精确称出咖啡渣的失重率。

规格太大的电子秤携带不方便，而且较不灵敏，最小感重单位为1克，不太适合做萃出率的研究，但用来称每杯咖啡耗豆量，绰绰有余。

但使用电子秤时请注意，受测物的温度太高，会影响准确度，如果你要测一杯250毫升热腾腾黑咖啡的重量，最好先在电子秤上垫一小块软木塞隔热，以免失准，最后不要忘了，杯具和隔热片的重量都要扣除。

有了电子秤，不但可掌握每杯咖啡的耗豆量，精确算出每杯成本，还可用来做相关研究。比方说，称一下同款豆子的浅焙、中焙、中深焙和重焙，每10克各含有几粒豆子，你会发觉，同样是10克重，烘焙度越浅所含的咖啡颗数越少，因为浅焙失重率低，较吃重，所以粒数较少。重焙豆正好相反，非常有趣。

另外，你也可以称一下200毫升的生水以及等量的90℃热水重量，会发觉生水比热水重3%～4%。有了电子秤，你很容易分辨真理与神话，对玩咖啡会有更客观的认知。

工具介绍：咖啡匙

一般人以咖啡匙作为泡咖啡的标准，但咖啡匙规格不一，使用前最好先称一下平匙与尖匙的豆重差多少，很多人误以为一平匙恰好是10克，这可不一定。

以咖啡馆最常用的长柄匙为例，一平匙只有8克，小尖匙才有10克。如果你想以30克熟豆泡一大杯咖啡，却取用3平匙，实际重量顶多24克，相差了6克，这会反映在咖啡的浓度上。

日本Hario咖啡器具附赠的咖啡匙，其内沿虽然标示出8克、10克和12克的刻度，但准确度不高。因为牵涉到浅焙与深焙，重量有别。

比如，10 克的浅焙豆有 60 多颗豆，但中深焙豆失重率较高，较不吃重，70 颗豆才够，二爆结束的重焙豆可能要 80 颗才够 10 克。因此以咖啡匙的容量来计豆重，变量不小。咖啡的浓淡要捉得精准，光靠咖啡匙是不够的，买个数位电子秤，先对你家使用的各款咖啡匙进行容量与重量的总体检，会有新体认。

工具介绍：温度计

手冲和赛风要泡得好，温度计是必备行头。

咖啡用温度计有三种，第一种是打奶泡用的指针型温度计，较不精准且不易读出温度值；第二种是厨师用的数位针式温度计，较为精准，人民币 100 元左右就买得到；第三种是专业用 K 型测温线，最精准但价格较贵，亦可用于烘焙机。

建议最起码要投资一支数位针式温度计，不论手冲或赛风，皆可左右逢源，以温度计的科学数据，协助你达到 80℃～90℃的低温萃取，或 90℃～95℃的高温萃取，破除哗众取宠的神话与花招。

工具介绍：量杯

要掌握泡煮咖啡的生水毫升量或萃取后的咖啡液毫升量，切实执行金杯准则，就得靠量杯辅助，一般有玻璃、金属和塑胶材质。

采买塑胶量杯请注意所用材质如为PE、PVC或PET，请不要买，因为耐热度只有60℃～80℃。务必选购PP材质，也就是聚丙烯做的，能耐130℃高温。原则上，塑胶质地愈硬愈耐热，但最好选择不锈钢或耐热玻璃，最为安全可靠。

工具介绍：计时器

萃取时间长短，攸关手冲与赛风的萃出率与浓度，切勿耍帅凭感觉来泡咖啡，最好以秒数来全程掌握，计时器有警讯功能，提醒粗心的吧台手，相当好用，每个不到人民币100元。

工具介绍：ExtractMoJo（浓度检测器）

有了以上五样辅助工具，对于泡出美味咖啡大有帮助。如果你想进一步研究咖啡的萃取与浓度问题，不妨投资 400 美元，买一个神奇萃取分析器，也就是美国第三波咖啡职人流行的 ExtractMoJo，来检测咖啡浓度。但使用前务必先取出 5 毫升热咖啡放凉到 20℃～30℃，才可检测，以免高温影响准确度。此机不便宜，一般玩家只需备妥上述五样度量衡工具就够用了。

新鲜是王道，断气没味道

备妥了度量衡工具，接下来要谈咖啡新鲜度问题。新鲜是美味先决条件，断气的走味豆即使神仙也难为。

咖啡出炉后，即使隔离空气，一周后风味也会开始走衰，两周后香消味殒更严重。100 多年前，化学家已注意到此问题，直到 1930 年后，科学家才逐渐了解咖啡走味的机制有多复杂。1937 年，美国知名食品化学家塞缪尔·凯特·普莱斯考特（Samuel Cate Prescott）研究咖啡走味进程，指出芳香物的挥发以及氧化作用不足以解释咖啡为何会走味。

目前已知，熟豆走味的复杂化学反应除了挥发与氧化，还包括受潮的水解作用以及室温下的梅纳反应，即保存环境的温度越高、氧气与水汽含量越高，走味速度越快。

值得注意的是室温下的梅纳反应，即使隔离氧气与水汽，咖啡庞杂的化学成分在室温下也会彼此作用，慢慢降解与聚合，生成许多杂味。切莫迷恋咖啡的万千香气，而舍不得喝，要知道美味稍纵即逝，不管你是以真空包装、单向排气阀还是灌入氮气的金属罐保鲜，均无法扭转咖啡走味进程。不要相信咖啡企业所称“咖啡出炉后，隔离氧气，可保鲜半年至一年”的世纪神话。

咖啡走味机制大解密

咖啡鲜豆出炉后，启动两大难以扭转的走味进程。

A. 好味道消失：讨喜的香气一周后递减

芳香物挥发消失→焦糖与花果甜香味，消逝最快→浓郁的硫醇化合物两周内减半。

B. 坏味道增加：不讨喜的杂味两周后逐渐增加

氧化生成杂味化合物→室温下的梅纳反应，造出陈腐味。

· **就好味道消失而言**，主要是气化物的消失。咖啡出炉后，排放大量二氧化碳，气化芳香物也随之释出，越是万人迷的香气越快耗尽。浅中焙咖啡富含的香醛与香酯带有水果酸甜香，最容易挥发，经常在储存过程中优先气化一空。

研究显示，咖啡豆磨成粉后，15 分钟内这些香醛与香酯会减少 50%，因为香醛与香酯在大家闻香喊爽的同时迅速挥发了，因此咖啡务必以全豆储存，香醛与香酯在咖啡豆较完整的纤维质保护下更易留住，一旦磨成粉，必须在几分钟内泡煮。

另外，中深焙咖啡主要香味硫醇化合物虽然也是硫黄、鸡蛋、葱蒜的重要成分，有趣的是，硫醇与呋喃、醛、酯与酮相结合的化合物，却是咖啡浓香蜜味的来源。

进入二爆的浓缩咖啡，常带有一股扑鼻的酒气，主要来自硫醇化合物，尤其是甲硫醇（methyl mercaptan）与糠硫醇。这两种硫化物带有焦糖、奶油、巧克力、咖啡、醇酒和烤牛肉的香味，但很容易挥发与氧化，咖啡一旦磨成粉，即使密封完好，甲硫醇三周内锐减 70%，甲硫醇的多寡是咖啡新鲜度的重要指标，咖啡越新鲜，含量越丰。

至于糠硫醇，更为吊诡，它的浓度过犹不及，在 0.1 ～ 1ppb[1]，会有新鲜咖啡的扑鼻香，但咖啡不新鲜了，其

[1] 1ppb 浓度是十亿分之一，1ppm ＝ 1,000ppb。

浓度扬升到 5ppb 以上就会产生刺鼻味，这好比香水成分需经过稀释才迷人的道理一样。糠硫醇是咖啡走味的指标气体之一。这两种硫化物的感官门槛很低，只需 0.02～0.04ppb 的微量即可感受到。

两周后断气，味谱大变

·就坏味道增加而言，主要指氧化、梅纳反应与水解反应，致使迷人的香气与水溶性滋味变质，衍生不好的味谱或杂味。一般来说，咖啡出炉两周后，排气明显走衰，味谱也逐渐出现杂味，咖啡越来越无品尝价值了。

咖啡的氧化是指一个氧分子失去两个电子，形成新的杂味化合物，大家对此并不陌生。但一般人容易疏忽的是，咖啡的氨基酸与碳水化合物，也会在室温下发生梅纳反应，生成陈腐味。有趣的是，梅纳反应如果在高温下进行，如烘焙，多半生成芳香物，但梅纳反应如果在室温下进行，往往衍生陈腐味，这就是为何真空包装的咖啡，一样会走味。另外，阳光也会加速咖啡油脂的衰败。

226 走味豆指标气体

1970 年后，咖啡化学有了重大进展，科学家发现走味咖啡有许多指标气体可供辨识，诸如甲醇、糠硫醇与糠基吡咯（furfurylpyrrole），这些气体的浓度会随着咖啡不新鲜而增加。而新鲜咖啡的甲硫醇（咖啡甜香）、丁二酮（diacetyl，奶油香）、2- 甲基呋喃（2-methyfuran，焦糖香）和 2- 甲基丙醛的浓度，明显高于走味咖啡。

不新鲜咖啡的水溶性滋味物亦有重大变化，最明显的是清甜味消失，杂苦味却增强。酸味是否增强，要看烘焙度而定，不新鲜的浅焙豆，酸涩味增强，不新鲜的深焙豆则加重苦咸味谱。而蛋白质与油脂氧化，也会出现不雅的杂味。

咖啡出炉后释放大量二氧化碳，但两周后熟豆排气量明显减少，冲泡时会发觉咖啡粉抵抗萃取的力道转弱，也就是咖啡粉延长萃取时间的能力变差了，萃取的水流加大且加快，挥发香气大不如前。这是因为最重要的香醛、香酯与硫醇化合物，已随着二氧化碳散尽人间。另外，水溶性滋味物，尤其是低分子量与中分子量的香甜滋味物，也被氧化，有些甚至变质为高分子量的杂苦成分，这就是走味。

可以这么说，咖啡出炉两周后，香气与滋味物相继挥发、氧化、水解或发生梅纳反应而变质，因此热水接触粉层的隆起幅度越来越不明显，鲜豆的好味谱已转变为坏味谱。换言之，泡咖啡时如果发现热水接触粉层，未先隆起反而下陷如陨石坑，这表示咖啡已断气，不新鲜了，杂味与酱味明显，不值得喝了。

熟成与养味

虽说咖啡越新鲜越好，但玩家的共同经验是，咖啡出炉后，置入单向排气阀保鲜袋内，养味熟成几天，半生不熟的谷物味好像消失了，味谱更趋圆润饱满与滑顺，为何如此，原因不明。笔者个人经验是，熟成对提升浓缩咖啡的味谱，会比滤泡式更为明显，这可能与刚出炉鲜豆排气旺盛，妨碍萃取，不易释出好成分有关，而浓缩咖啡对味谱的好坏，常有放大效果。这也难怪世界咖啡师锦标赛的参赛者都会先醒豆两天至一周不等，少有人敢拿当天出炉的鲜豆赴赛，以免吃了萃取不均匀的闷亏。

不过，鲜豆的养味效果对赛风和手冲，似乎不如浓缩咖啡明显，咖啡出炉冷却后，立刻手冲或赛风，或许会有一些谷物生味，但更能喝出鲜豆的焦糖味与层次感。笔者常觉得咖啡的清甜味，在烘焙当天最突出，咖啡迷人的甜味消逝最快，往往在养味过程中衰减了，因此笔者个人的滤泡式用豆，不需养味熟成，一出炉就泡来喝，更能鉴赏鲜豆味谱从出炉日至第14天的变化，挺有意思。

而咖啡最好的赏味时间，还是在出炉两周内，在自然排气前喝完，一来可喝到不同熟成阶段，不同的味谱变化；二来可避免喝到“断气”的腐朽味。

保鲜之道：低温、干燥、无氧与无光害

咖啡的化学成分极其复杂与不稳定，高温与潮湿环境会加速芳香物的氧化与梅纳反应。因此咖啡出炉后，务必以全豆保存在低温、干燥、无氧与无光害的环境中，否则不到两周，咖啡很容易衍生出杂味与酱味。如果是以咖啡粉保存，走味更快，几天内风味尽失，已无品尝价值。

每升温10℃，走味快两倍

玩家常觉得夏天的咖啡豆走味速度特快，即使密封入罐也不易在高温环境下延长赏味期。化学界有个经验法则，每升温10℃，化学反应速度增快两倍，这足以解释为

何夏天的咖啡豆不耐保鲜，远比冬天更易走味。

举例来说，30℃时咖啡豆走味速度会比20℃时快上2倍；30℃时走味速度比10℃时快上4倍；30℃时走味速度比0℃时快上8倍；30℃时走味速度比−10℃时快16倍。因为温度越高，分子活动越快，咖啡的挥发、氧化与梅纳反应也会加快。

如果按照上述经验法则推算，室温30℃的熟豆，储存一天的新鲜度，大约等于−10℃冷冻16天的新鲜度，因为−10℃的化学反应速度，会比30℃缓慢16倍。换言之，在30℃高温环境下保存熟豆14天的新鲜度，大约等于−10℃冷冻224天，也就是冷冻7个月的新鲜度。

冷冻至少可保鲜两个月

化学界的经验法则“低温可减缓化学反应”，能适用于熟豆保鲜吗？

笔者曾做过冷冻保鲜实验，发觉冷冻确实可延长赏味期，但并非永久保鲜，顶多延长赏味期两三个月，冷冻超过两个月以上的熟豆，香消味殒明显，万一受潮，会有肥皂味。

冷冻保鲜期的长短，取决于烘焙方式，如果是采用大火快炒的深度烘焙，冷冻保鲜期较短，顶多两个月。但小火慢炒或未进入二爆的中度烘焙，冷冻保鲜期可长达三个月，这可能跟咖啡纤维完整度有关。不过，不要奢望咖啡出炉一周以后，再冷冻保鲜，这太晚了，咖啡香醇不可能回春。咖啡出炉冷却后，立即冷冻，保存在－10℃以下的低温环境中，效果最佳。

冷冻保鲜的咖啡包装袋，务必防潮且密不透气，以免吸附肉类异味，未蒙其利先受其害。另外，冷冻咖啡豆取出后，不需解冻，直接研磨泡煮即可。但也有人主张冷冻豆取出，先静置几分钟解冻后，再研磨冲泡，有助于咖啡豆正常释放香醇。这两种方法，笔者都试过，并无明显差异。冷冻豆如果喝不完，置入密封罐内，在室温下保存即可，千万不要再放进冷冻库。解冻的咖啡豆，走味进程跟一般咖啡豆一样，赏味期只有两周，甚至更短。

一般来说，笔者并不鼓励大家冷冻保鲜，除非买得太多，预估两周内无法喝完，再来做冷冻保鲜，如果两周内喝得完，密封入罐，隔离湿气与氧气即可。SCAA 与 SCAE 的咖啡专家并不认同冷冻保鲜，他们担心从－10℃取出的咖啡豆，再以 90℃以上的高温泡煮，温差过剧，影响芳香物正常释出与萃取，冷冻保鲜至今仍是一个争议话题。

冷藏可保鲜 15 ～ 30 天

如果觉得冷冻保鲜太极端，不妨试试冷藏 4℃～ 8℃的保鲜法，但最好封入几个小罐，放进冰箱冷藏，喝完一罐再开另一罐，可减少氧气入侵。低温确实可减缓咖啡走味速度，稍加延长赏味期，但不要奢望冷藏可延长一个月以上的赏味期。玩家还是以室温下，隔离湿气、氧气与光害的自然保鲜为优先考量，这样最不影响正常萃取。

烘焙不当，新鲜亦枉然

买到新鲜熟豆，并不能保证咖啡一定美味，如果烘焙不当，譬如浅焙太急躁，不到 6 分钟就出炉，绿原酸和葫芦巴碱降解不够，会增加咖啡的酸苦涩；另外，深焙拖太久，炭化粒子堆积豆表，也会增加呛苦味。烘焙不当，即使豆子很新鲜也枉然。有信用的咖啡烘焙师除供应鲜豆外，更重要的是，以优异的烘焙技术，协助消费者轻松泡出美味咖啡，这才是烘焙师的使命。只要烘焙技术佳，新鲜度够，即使你不是冲泡老手，亦有可能谈笑间泡出美味咖啡。

粗细度影响萃出率与泡煮时间

健康生豆在显微镜下，细胞呈紧密排列的格子状，前驱芳香物蛋白质、脂肪、糖分等，储藏在坚硬的细胞壁内。生豆烘焙后细胞被破坏，排列较为松散，但细胞壁内却充满热解作用产生的二氧化碳、油脂和芳香滋味物，豆体因而膨胀，但整颗熟豆如果不加以研磨就用热水冲泡，储藏在细胞壁内的挥发香气和水溶性滋味物，不易释出，很难泡出美味咖啡。

熟豆必须经过研磨碾碎，才能打开坚硬纤维质的细胞壁，让热水进入并萃取出千香万味。

粗细度应与萃取时间成正比

咖啡研磨的粗细度会直接影响萃取时间长短以及萃出率高低。咖啡磨得越细，粉层越密实，有较多的咖啡粉粒与热水接触，萃取阻力加大，越易延长萃取时间，并拉升萃出率，造成萃取过度。

反之，咖啡磨得越粗，粉层空隙越大，有较少的咖啡粉粒与热水接触，萃取阻力转弱，越不易延长萃取时间，而降低萃出率，很容易造成萃取不足。因此，咖啡磨得越细，越会延长萃取时间并拉升萃出率；咖啡磨得越粗，越会缩短萃取时间并压低萃出率。

在常态下，咖啡粗细度会与萃取时间及萃出率成反比。这从手冲和浓缩咖啡可得到佐证，粉粒磨得越粗，萃取阻力越小，咖啡流量越大，萃取一杯的时间越短，萃出率越低，味道越清淡。

反之，粉粒磨得越细，萃取阻力越大，流量越小，萃取一杯的时间越长，萃出率越高，味道越浓烈。

然而，咖啡老手会逆势而为，遇到越细的咖啡粉，会设法稍微缩短萃取时间，以免萃出率太高，泡出苦口咬喉的咖啡。相反地，遇到越粗的咖啡粉，会设法稍加延长萃取时间，以免萃取不足，泡出淡而无味的咖啡。

换言之，要泡出美味咖啡，磨粉的粗细度应与萃取时间成正比，较有可能泡出迷人味谱。

深焙豆稍粗，浅焙豆稍细

另外，老手在决定咖啡豆研磨度前，会先看看熟豆的色泽与出油状况，烘焙度越浅的咖啡豆，纤维质越完整坚硬，越不易萃取，宜采取稍细研磨，但也不能太细，以免凸显尖酸味。烘焙度越深的咖啡豆，纤维质受创越深，越易萃取，宜采取稍粗研磨，深焙磨太细会苦口。因此，深焙咖啡豆的研磨度，一般会比浅焙豆来得粗一点。

粗细度可控制苦涩

粗细度是控制苦涩的良方，因为磨得越细，萃出率越高，越易把绿原酸、奎宁酸、咖啡因和炭化物等高分子量的涩苦物萃取出来。反之，磨得太粗，萃出率越低，越不易萃出高分子量的涩苦物，但中分子量的甜香滋味也可能因萃取不足而残留在咖啡渣内，形同浪费。因此，咖啡师每日要留意粉的粗细度是否正常，太粗或太细都会造成不正常萃取而影响咖啡风味。

各式泡煮法的研磨度，由粗而细，依序为：

法式滤压壶（粗研磨）>电动滴滤壶（中粗）>手冲壶、虹吸壶、台式聪明滤杯（中度）>摩卡壶（中细）>浓缩咖啡（细）>土耳其咖啡（极细）。

根据欧洲精品咖啡协会的研究，法式滤压壶的粗研磨表示每颗豆子被碾碎成 100～300 个微粒，每个直径约 0.7 毫米。电动滴滤壶的中粗研磨，每颗豆子被磨成 500～800 个微粒，每个直径约 0.5 毫米。手冲和虹吸的中度研磨，每颗豆子被磨成 1,000 ～ 3,000 个微粒，每个直径约 0.35 毫米。浓缩咖啡的细研磨，每颗豆子被磨成 3,500 个微粒，每个直径约 0.05 毫米。土耳其咖啡磨成面粉状的超细粉末，每颗豆被磨成 15,000 ～ 35,000 个微粒。

研磨度对照表

国内手冲、虹吸、滴滤和滤压壶，最常使用小飞鹰和小飞马磨豆机。两机外貌及价格差不多，但刻度稍有差异。以相同刻度而言，小飞马会比小飞鹰细一些，也就是小飞鹰的刻度约比小飞马低 1 度。以下为两机刻度对照表。

表 8-1　各式泡煮法的美味刻度及对照表

萃取法及研磨度	小飞鹰刻度	小飞马刻度
滤压壶（粗）	4 ～ 5	5 ～ 6
滴滤壶（中粗）	3.5 ～ 4	4.5 ～ 5
手冲（中）	3 ～ 3.5	4 ～ 4.5
虹吸（中）	3 ～ 3.5	4 ～ 4.5
聪明滤杯（中）	2.5 ～ 3.5	3.5 ～ 4.5
摩卡壶（中细）	2 ～ 3	3 ～ 4
浓缩咖啡（细）	1	1 ～ 2

注 1：本表建议各式泡煮法的刻度，以最易泡出美味咖啡为考量，玩家亦可采用较极端刻度。

注 2：以小飞鹰 1 号刻度，泡煮浓缩咖啡，仍太粗，但小飞马 1 ～ 2 号刻度比小飞鹰更细，可冲煮 Espresso。不过，小飞鹰以中度至中粗研磨度见长，比小飞马均匀。两机各有千秋。

在实际冲泡中，很容易体会粗细度直接影响咖啡萃出率、浓淡与风味，但影响有多大？笔者以同支豆子，用小飞鹰 #4、#3.5、#3 与 #2.5 四个不同的粗细刻度，以相同水温 88℃，相同粉量 15 克，相同冲泡时间 2 分 10 秒，各手冲一杯 220 毫升咖啡，并使用 ExtractMoJo 检测，结果如下：

刻度 #4，萃出率 18.4%，浓度 1.1%（异常，水味重）；
刻度 #3.5，萃出率 20.02%，浓度 1.29%（正常，淡雅）；
刻度 #3，萃出率 20.53%，浓度 1.33%（正常，醇厚）；
刻度 #2.5，萃出率 22.2%，浓度 1.58%（异常，苦口咬喉）。

从以上小实验可看出萃出率与浓度对磨豆刻度的敏感度，两者随着刻度调细而扬升。刻度调细 0.5 度，至少拉升咖啡粉的萃出率 0.5%，浓度也跟着提高。这四杯中，以刻度 #3.5 和 #3 所泡煮的咖啡，最符合金杯准则萃出率 18%～22%，以及浓度 1.15%～1.55% 的规范区间，风味也最均衡美味。刻度 #3 比刻度 #3.5 细了 0.5 度，萃出率大约高出 0.5%，浓度增加 0.04%，数值看来虽很小，但刻度 #3 在味谱强度与黏稠度的感官差异上，明显强过刻度 #3.5。

有趣的是，从刻度 #3 调细 0.5 度，也就是刻度 #2.5，萃出率却从 20.53% 暴冲到萃取过度的 22.2%，微调 0.5 度，萃出率居然跳升了 1.67%，浓度也激升到 1.58%，难怪喝来有点咬喉。如果调粗到刻度 #4，萃出率剧降到 18.4%，接近金杯萃出率的 18% 下限，浓度也狂跌到 1.1%，低于金杯标准。

因此，就我们最偏爱的手冲与虹吸而言，刻度 #3 与 #3.5，很容易命中金杯萃出率 18% ~ 22% 以及金杯浓度 1.15% ~ 1.55% 的中间地带，犯错的容忍空间较大，对新手而言，较容易泡出美味咖啡。反观刻度 #4 与 #2.5，所泡出咖啡的萃出率与浓度皆位于金杯区间的上下限边缘，犯错的容忍空间极小，稍有闪失很容易泡出味谱不佳的咖啡。

刻度 #4 与刻度 #2.5 虽然较为极端，但有些嗜浓玩家以 #2.5 来手冲，尽享更黏稠厚实的口感；亦有些淡口味玩家以 #4 来手冲，品尝淡雅清甜的风味。刻度 #4 与 #2.5 不是不可以手冲，只是使用的人不多，因为需要更多的冲泡技巧来调控，比方说较细的刻度 #2.5，如以稍低水温 83℃ ~ 88℃，亦有可能泡出浓而不苦的好咖啡；较粗的

#4，如以稍高水温 91℃～93℃，亦有可能泡出符合金杯标准的浓度。

刻度并非一成不变

玩咖啡切忌使用一成不变的研磨刻度，要知道每支豆子的密实度与烘焙度不同，所需的刻度也不会相同，极硬豆或浅焙的刻度可稍调细一点，深焙可调粗一点。如果你觉得某支豆子以刻度 #3 喝来有苦咸涩的味谱，这就是萃取过度，可调粗到 #3.5 或 #4，会明显改善不好的味谱。

另外，磨豆机要勤于保养，定期拆下刀盘，清除里面的油垢，刀盘是消耗品，每磨 800～1,000 磅就会磨钝，记得要换新的，否则磨出来的颗粒粗细参半，会造成萃取不均，减损咖啡好风味。

掌控 3T：水温、时间与水流

泡煮咖啡的 3T 是指水温（temperature）、时间（time）与水流（turbulence）。水温高低、浸泡时间长短以及搅拌水流的强弱，也和粗细度一样，会影响萃出率，进而牵动咖啡的浓淡。有趣的是，3T 需与烘焙度成反比，才可能泡出美味咖啡。

泡煮水温应与烘焙度成反比

各式冲泡法的萃取水温并不一致，美式电动滴滤壶因厂牌有别，多半控制在92℃～96℃的恒温萃取区间，浓缩咖啡机可依照各店家惯用的烘焙度，水温设在88℃～93℃，一般来说，越深焙的萃取水温朝向低温的88℃，越浅焙则朝高温93℃设定。

至于手冲、赛风、法式滤压壶和台式聪明滤杯（Abid Clever Dripper），全为手工萃取，比较不易实现恒温萃取，水温较具弹性，味谱起伏大于电动咖啡机，较具挑战性，此乃玩家迷恋手工咖啡的原因。日式手冲壶的水温最具弹性，因烘焙度与手壶锁温性能而异，一般萃取温度介于82℃～94℃。虹吸壶萃取水温亦有高低之别，高温萃取88℃～94℃，低温萃取86℃～92℃。

90℃以上为高温萃取，易拉升萃出率，增加醇厚度、香气与焦苦味，因此不利深焙豆，却比较适合硬豆与浅中焙咖啡，因为稍高萃取水温可将浅焙豆的尖酸提升为有变化的活泼酸，但请勿太过，手冲与赛风的萃取温度超出94℃，会溶解出更多的高分子量酸苦物。

90℃以下为低温萃取，会抑制萃出率，降低香气与焦苦味，较适合中深或深焙豆，但也不能低得太离谱，手冲的低温萃取最好不要低于82℃，以免冲出呆板乏味的咖啡。因为低温不利于浅焙豆，只会萃取出容易溶解的低分子量酸物，而无法萃取出足够的中分子量甜香味与高分子量的甘苦物，致使低温冲泡的浅焙咖啡，风味不均衡，只有一味死酸，极不顺口。究竟该采取高温还是低温萃取？唯烘焙度是问，深焙豆宜采取低温萃取，浅焙豆宜采取高温萃取，也就是说，烘焙度应与泡煮水温成反比。

因为深焙豆的纤维质受创严重，结构松散脆弱，宜温柔点，以稍低水温萃取，以免榨取出太多的高分子量焦苦涩成分；相反地，浅焙豆的纤维受损较轻，结构较密实，比深焙豆不易萃取，宜霸道点，用稍高水温，以免萃取不足。如果浅焙咖啡以82℃以下水温来泡，只会萃出低分子量的酸物，无法萃出足够的中分子量甜味和少部分高分子量的甘苦味与香木成分，而造成浅焙咖啡产生极不均衡且无律动感的死酸味。

泡煮时间应与烘焙度成反比

在固定水量下，泡煮时间越长（短），萃出率越高

(低)，浓度越高（低）。泡煮时间长短，应以烘焙度为主要考量。浅焙豆不易萃取，因此冲泡时间应比重焙豆稍长一点。反之，重焙豆较易萃出，因此冲泡时间应比浅焙豆稍短。换言之，烘焙度应与泡煮时间成反比。

走一趟意大利会发现，南部重焙咖啡的萃取时间、水温，以及每杯萃取的毫升量，明显短少于北部稍浅的中焙或中深焙，即是此技巧的实践。

搅拌水流应与烘焙度成反比

很多人忽视了水流强弱也会影响咖啡萃出率，进而牵动浓度。水流是指热水通过或冲击咖啡颗粒的力道，搅拌水流越强，越可促进咖啡成分的萃出。滤泡式咖啡如果没有水流促进萃取，咖啡颗粒纠结在一起，易造成萃取不均，致使萃出率低于下限的18%，咖啡风味太薄弱。不过，水流太强或持续太久，颗粒摩擦力过大，易造成萃取过度，致使萃出率超出上限的22%，高分子量的涩苦咬喉物容易溶出。

搅拌水流的强弱也需以烘焙度为指标，对待深焙豆宜以温柔水流泡煮，以免过度拉升萃出率。但泡煮浅焙豆则可用稍强水流搅拌，以免过多精华残留于咖啡渣，无法萃出。

电动滴滤壶（喷头水柱大小）、手冲壶（壶嘴口径与水柱高低）、虹吸壶（搅拌力道）、法式滤压壶（搅拌与下压力道）、台式聪明滤杯（搅拌力道）皆运用水流与搅拌力道，加速萃取。水流大小，过犹不及，原则上萃取浅焙豆的水流力道应大于深焙豆。水流、水温、时间与粗细度都是咖啡师调控浓淡、味谱的利器。

泡煮比例要抓准，兼顾节约与美味

泡煮比例是指咖啡粉量对萃取水量的比例，会直接影响咖啡粉的萃出率与咖啡液浓度。欧美金杯准则就是以粉量与水量作为滤泡咖啡品管图的调控利器，其复杂度与重要性更甚于新鲜度、粗细度与3T。

如果前三项你都掌握到了，仍泡不出美味咖啡，问题应出在泡煮比例不对上。

如前章所述，粉量越多，在固定水量下，也就是粉量对水量的比值越高，咖啡液浓度越高，也越易压抑咖啡粉的萃出率，造成萃取不足，浪费咖啡，而背负暴殄天物的骂名。反过来看，在固定粉量下，水量越多，也就是粉量对水量比值越低，浓度越低，也越易拉升萃出率，造成萃取过度，会被扣上黑心咖啡罪名。

唯有符合金杯准则的泡煮比例，百味平衡，才能享受完美萃取的两大优点——节约与美味。

台式泡煮比例如何与国际接轨？

我们手冲或泡赛风，习惯采用咖啡豆克重量，对上黑咖啡液毫升量，比方说嗜浓族常以咖啡豆 20 克，泡出 200 毫升黑咖啡，粉对水的比例为 1 : 10，简单明了，亦符合实务操作的便利性。然而，台式对比法却很难与欧美金杯准则接轨。

笔者的国际友人听到我们常用 1 : 10 泡煮比例，吓了一大跳："你们真厉害，喝这么浓，居然高于挪威金杯标准 1 : 18.51 ～ 1 : 13.6 的泡煮比例！"

其实，我们的咖啡口味并不算浓，问题出在对比方式不同上。欧美金杯准则不是以咖啡克量对上刚泡好热腾腾的黑咖啡毫升量，而是以咖啡克量对上萃取生冷水的毫升量。笔者经过多次试算并以 ExtractMoJo 检测浓度，发觉台式咖啡粉克量对上黑咖啡毫升量的比例 1 : 10，约等于金杯准则咖啡克量对上生冷水 1 : 12.5 的浓度与萃出率 (在相同研磨度、水温与萃取时间条件下)。

而台湾地区的 1 : 12 的浓度，大约是金杯准则的

1∶14.5，也就是说，咖啡迷惯用的对比法，只需在咖啡豆与黑咖啡的比值上，下调 2.5 个参数，即可对应欧美金杯准则咖啡豆与生冷水泡煮比例的浓度。

咖啡豆克量对黑咖啡毫升量的比值，明显高于咖啡豆克量对生冷水毫升量，难怪用惯了金杯准则的国际友人听到台式比值，面露惊吓，经过解释，才明了原来是对比物不同，造成天大误会。

为何台式的咖啡克量对上黑咖啡毫升量的比值，必须降 2.5 个参数，才等于金杯准则泡煮比例？

热水比冷水轻，咖啡粉会吸水

欧美金杯准则泡煮比例，以咖啡粉对生水为准，有其科学根据。水 1 毫升的重量等于 1 克，是在 20℃左右的室温下，要知道水的密度与重量会随着温度的上升而降低，而且水的体积会跟着温度上升而“虚胖”。水加热到 90℃～93℃时，恰好是泡咖啡的水温，重量会比 15℃～20℃相同毫升量的生水减轻 4%。

我们习惯以热腾腾黑咖啡为对比标准，虽然咖啡壶的毫升刻度标明 200 毫升黑咖啡，但实际上却比室温下 200 毫升的生水“虚胖”4%，重量也轻了 3%～4%，此乃水加热会膨胀所致。

更重要的是，咖啡粉像海绵一样很会吸水，研究证实每克咖啡粉会吸水 2～3 毫升，20 克咖啡粉至少会吸走热水 40 毫升。换言之，以 20 克咖啡豆泡出 200 毫升黑咖啡，最少需要 240 毫升的生冷水，其中至少有 40 毫升残留在滤纸或滤网的咖啡渣上，因此台式对比法以热腾腾的黑咖啡为标的物，最起码少算了残留在咖啡渣内的水量。然而金杯准则以生冷水为标的，就不会有此误差。

所以，冷水加热会膨胀，咖啡粉遇水会狂吸，这两个因素交互作用，使得泡煮比例是以咖啡粉对热咖啡（台式），或咖啡粉对生冷水（金杯准则），出现不小差异。但这并不表示台式泡煮比例无法和金杯准则接轨，台式比值只需下降 2.5 个参数，即等同金杯准则，两者的浓度以 ExtractMoJo 检测是相同的。

手冲与赛风套用金杯准则泡煮比例

基于我们手冲与赛风的泡煮比例，会比金杯准则“虚胖”2.5 个参数，笔者编制了对照表（见表 8-2），使我们手冲与赛风的泡煮比例，得以和金杯准则接轨。有了此对照表，以后就不会再发生我们的口味浓过欧美的误会。

对照表并不复杂，第一栏是国际四大金杯系统的简称，笔者不揣谫陋附上浓淡的评语。第二栏是金杯系统颁定的浓度区间。

表 8-2　全球四大金杯系统与中国台湾地区惯用泡煮比例对照表

金杯系统	金杯浓度区间	咖啡豆：生水（1,000 毫升）下限比例～上限比例	（台式）咖啡豆：热咖啡 下限比例～上限比例
SCAA（偏淡）	1.15%～1.35%	1：21～1：15.4 每千毫升用豆量 47.6～65 克	1：18.5～1：12.9
VST（中道）	1.2%～1.4%	1：20.2～1：14.8 每千毫升用豆量 49.5～67.5 克	1：17.7～1：12.3
SCAE（中道）	1.2%～1.45%	1：20.2～1：14.5 每千毫升用豆量 49.5～69 克	1：17.7～1：12
NCA（稍浓）	1.3%～1.55%	1：18.8～1：13.6 每千毫升用豆量 53～73.5 克	1：16.3～1：11.1

*最右栏（台式）咖啡粉 / 热咖啡的比例，均比所对应四大金杯系统的泡煮比例，高出 2.5 个参数，这是因为金杯系统以生冷水为准，而中国台湾地区以热咖啡为准。

*中国台湾地区 1：10 的泡煮比例，等同于金杯准则的 1：12.5，此比例太浓，连挪威（NCA）最浓比例 1：13.6 也莫及，虽然不是普罗大众能接受的浓度，却是嗜浓族的最爱。中国台湾地区以赛风和手冲为主，此二萃取法惯以高浓度来弥补萃取的不足。如果电动滴滤壶以 1：12.5（咖啡豆重量比生水毫升量）的泡煮比例，即中国台湾地区的 1：10（咖啡豆重量比热咖啡毫升量）来冲泡，会浓到难以入口，这与美式滴滤壶的萃取效率高于手冲与赛风有关。而金杯准则是根据美国咖啡机制定的。

第三栏为各金杯系统的泡煮比例，即咖啡豆克量对生水毫升量，以 SCAA 为例，欲泡煮出浓度 1.15%～1.35% 的咖啡，豆量与生水量的比例，必须介于下限的 1∶21 和上限的 1∶15.4 之间，每千毫升生冷水需要的豆量介于 47.6 克和 65 克之间。

再看看口味稍浓的 NCA 系统，浓度介于 1.3%～1.55%，每千毫升生水需对上 53 克至 73.5 克豆量，也就是泡煮比例需在下限的 1∶18.8 和上限的 1∶13.6 之间，才能符合金杯准则要求。

第四栏为手冲与赛风惯用的咖啡豆重量对上热咖啡毫升量的泡煮比例。这种对比法较之金杯系统的比例，“虚胖”2.5 个参数，因此各金杯系统的比例只要上调 2.5 个参数，即等于台式的比值，或者中国台湾地区比例往下调低 2.5 个参数，即等于金杯比值。所以 SCAA 的泡煮比例 1∶21～1∶15.4，等同于中国台湾地区的 1∶18.5～1∶12.9。

中西冲煮比例直通车

如果你觉得表 8-2 有点小复杂，别担心，请参考表 8-3 摘要，笔者把手冲与赛风的冲煮比例，归纳为中国台湾地区重口味、适中口味和淡口味的实用比例，并对应到金杯准则的比例。

金杯准则的泡煮比例是以生冷水毫升量为准，执行起来挺麻烦，敢问有谁吃饱撑着，在手冲前，先量好所需的生水或热水毫升量？

但有了此对照表，咖啡迷就不必把麻烦当有趣，亦无须改变原先的对比方式，只要记住咖啡豆重量以及黑咖啡液毫升量，即可得到台式泡煮比例，然后再降低 2.5 个参数，就可对应到金杯准则的比例，如表 8-2 与表 8-3 所示，轻松愉快地与国际金杯比例接轨，你会惊觉过去的用粉量太浪费。若能按照金杯准则的泡煮比例，适当提高萃取效率，亦可泡出醇厚咖啡。

其实，表 8-3 中“适中口味”的泡煮比例 1∶13 ～ 1∶12，即金杯标准的 1∶15.5 ～ 1∶14.5，已能泡出蛮浓厚的咖啡，笔者多半使用此比例，实无必要以 1∶10 来泡咖啡，浓度太高，虽然有利黏稠口感的表现，但味谱很容易纠结在一起，且酸味太高，不易喝出精品咖啡细腻的层次，反而容易惹来暴殄天物的骂名。

1∶10 比例，很不正常

一般来说，只要水温、粗细度与萃取时间正常，而且

表 8-3　手冲与赛风套用金杯泡煮比例摘要
→ **重口味：** 采用台式 1∶11～1∶10 的泡煮比例，也就是咖啡粉 20 克，萃取咖啡液 200～220 毫升。这等同于金杯准则咖啡粉对上生水的泡煮比例 1∶13.5～1∶12.5，也就是 20 克咖啡粉，对上 250～270 毫升生水。 中国台湾地区嗜浓族偏好此比例，但一般人会嫌太浓。采用此泡煮比例的约占中国台湾地区咖啡族的 20%。
→ **适中口味：** 采用台式 1∶13～1∶12 的泡煮比例，即咖啡粉 20 克，萃取咖啡液 240～260 毫升。这等同于金杯准则的 1∶15.5～1∶14.5，也就是 20 克咖啡粉对上 290～310 毫升生水。 据笔者教学经验，中国台湾地区 70% 咖啡族偏好的浓淡区间，落在此范围。
→ **淡口味：** 采用台式 1∶16～1∶14 的泡煮比例，咖啡粉 20 克，萃取咖啡液 280～320 毫升。这等同于金杯准则的 1∶18.5～1∶16.5，也就是 20 克粉对上 330～370 毫升生水。口味较淡雅，约有 10% 的咖啡族偏好此比例。

泡煮比例均在表 8-2 的区间内，很容易泡煮出符合金杯准则萃出率 18%～22% 以及浓度 1.15%～1.55% 的美味咖啡，也不致出现萃取过度、萃取不足或浪费咖啡的问题。

台式 1∶10 的比例，等同金杯准则的 1∶12.5，已超过四大金杯系统中最浓厚的挪威金杯 1∶13.6 的泡煮比例，故不在表 8-2 内，属异常比例，由于粉量太多且浓度太高，抑制了萃出率，往往低于金杯准则萃出率 18% 的下限，很浪费咖啡粉，不值得鼓励。其实，只需提高水温、补足水量或稍延长萃取时间，将萃出率从18%以下拉升到18%～22%，提高萃取的效率，即可享受到正常泡煮比例，也就是较节约咖啡粉，亦可泡出醇厚且更有层次感的好喝咖啡。唯有以正确泡煮比例才可兼顾美味与节约。

主流与非主流浓度

这四大金杯系统的滤泡咖啡浓度与冲煮比例，堪称全球的主流区间，如果你的咖啡浓度偏好或泡煮比例不包括在内，可能是你的口味太淡或太浓，成了非主流派了。相信我们九成以上咖啡族的浓淡偏好以及手冲、赛风泡煮比例均在表8-3内。不妨先检视一下，自己是主流还是非主流派。笔者偏好浓度在1.3%～1.55%，应属于主流派里的NCA帮，那你呢？

咖啡液需要称重吗？

近年，有些吹毛求疵的咖啡迷效法欧美第三波业者，把咖啡杯放在磅秤上，萃取咖啡液到设定的重量才停止，有必要吗？

大可不必，除非是浓缩咖啡，因为有绵密的泡沫 crema，不易读出咖啡液正确的毫升量，才有必要称重量，但执行起来很麻烦。如果你只是要了解滤泡式咖啡的冲煮比例，就无须为黑咖啡称重量，使用毫升量已足够了。因为热咖啡泡好后，一分钟内会蒸发、失重数十克，这为称重增加不少变量与疑虑。

另外，为黑咖啡称重，会发觉泡出的咖啡明显比毫升量来得清淡稀薄，即咖啡液相同的克量会比毫升量更有水味。

举个例子，手冲一杯 220 克咖啡，咖啡液虽已达 220 毫升，但称得的重量只有 200～210 克（因各地水质而异），必须再增加 10～20 毫升的萃取量，即 230～240 毫升的黑咖啡重量才会达到 220 克。换言之，泡一杯 220 克的黑咖啡会比 220 毫升的黑咖啡更稀薄，这是因为热水较轻，况且还要注意你的电子秤是否会因热咖啡的高温而失去准头。因此，咖啡迷以毫升量为基准就够了，实无须费神为黑咖啡称重量，以免弄巧成拙。

Chapter 9

第九章

如何泡出美味咖啡：手冲篇

关怀精品咖啡流行风的玩家，很容易察觉滤泡式复古风近年来席卷全球，尤其是手冲迷暴增，不仅中国台湾地区如此，欧美第三波咖啡玩家亦沉迷于手冲与赛风的慢工细活中。《纽约时报》图文并茂的咖啡专栏，不再高谈拿铁与拉花，改而阔论亚洲味十足的手冲、赛风和懒人专用的台式聪明滤杯。滤泡式产地咖啡，似乎抢走了拿铁与卡布奇诺的光彩。

后浓缩咖啡时代：手冲当道

2000年后，被誉为“精品咖啡奥林匹克运动大会”的SCAA“年度最佳咖啡”杯测赛，以及中南美与非洲“超凡杯”竞赛，所选出的优胜庄园豆，带动了手冲与赛风滤泡咖啡流行风。因为珍稀国宝豆，宜细煮慢冲，不加糖、不添奶，才能鉴赏出大地育成的迷人味谱，若添奶加糖，调制成大杯拿铁或卡布奇诺，牛饮入肚，这与焚琴煮鹤何异？

2010年，世界冠军咖啡师迈克尔·菲利普斯（Michael Phillips）在各大展览会场的献技不再是老掉牙的Espresso与拉花，而是手冲。美国第三波风头最盛的人气咖啡馆树墩城、蓝瓶子与知识分子，不约而同地在浓缩咖啡机旁增设手冲吧或赛风吧，经常忙到三个人六只手，左

右开弓，一起手冲，依然无法消化客人点单。

因此，从1966年精品咖啡第二波以来，唯意式浓缩咖啡独尊的局面，到了2000年后，逐渐被精品咖啡第三波打破，以更开阔的胸襟，纳入日本手冲、赛风以及聪明滤杯元素，大有东风西渐的异国情趣，不管你喜不喜欢，请坦然接受精品咖啡已迈入“后浓缩咖啡时代”的事实。咖啡师只会打奶泡、拉花，已不够用，还需练就手冲与赛风技能，唯此才跟得上时代脚步，满足咖啡迷需求。

手冲咖啡的历史

目前欧美第三波咖啡时尚的手冲器材，几乎全从日本进口，中国台湾地区也是如此，乍看下，手冲好像是日本人的发明。其实不然，手冲并非日本人所发明，早在20世纪初，就已在德国和美国盛行，后来式微，又被日本人精致化，发扬光大。

将滤纸放进滤杯，倒入咖啡粉再以热水冲泡，属于较晚近的萃取法。1908年，德国家庭主妇梅莉塔·本茨（Melitta Bentz）率先申请滤纸与滤杯专利权，一直流行至今。在此之前，欧洲人多半以麻布、绒布袋或金属孔网来筛滤咖啡渣，缺点不少。滤布虽能滤除咖啡渣，但每次用完要清洗，否则会发臭。至于沸煮壶（类似今日摩卡壶）的金属网孔较大，不易滤掉细渣，容易喝进焦苦的残渣。梅莉塔每日为了煮出干净无渣又不苦的咖啡，伤透脑筋，于是动手实验新的滤渣法。

她试过数种过滤材质，发觉儿子家庭作业簿所用的吸墨纸最有效，起初她将吸墨纸剪成圆形，铺在一个底部打有小孔的铜锅上，成了处女版的“滤杯”，吸墨纸质地轻薄，滤渣功能极优，用后即丢，非常方便，更重要的是泡出的咖啡干净甜美，苦味更少。

几经改良后，1908年梅莉塔滤纸和陶制滤杯获得德国专利，在欧洲大卖，世人总算喝到干净无渣的滤泡咖啡。梅莉塔成了扇形滤纸与滤杯的“教母”，德国梅莉塔三孔、四孔滤杯风行至今。

另外，德国化学家施伦博姆（Peter J. Schlumbohm）移民美国后，从实验室的烧杯得到灵感，于 1941 年推出滤杯与底壶连体的美式玻璃滤泡壶 Chemex，采耐热玻璃材质，所用的滤纸亦比一般滤纸厚重 20%～30% 是它的最大特色，风行欧美半个多世纪。可见欧美在 20 世纪中期，已流行热水手冲、滤纸过滤的萃取法。

Chemex 滤泡壶的造型不失典雅，有点像沙漏，腰间还有一条细牛皮带，系在隔热松木板上，方便手握，恰似中世纪妇女所穿的性感马甲，至今仍是美国手冲美学代表作，已被纽约现代美术馆与费城美术馆列为典藏品。但是中国台湾地区手冲走日系风，罕见欧美滤泡壶 Chemex。这也难怪碧利烘焙厂在 2011 年 5 月进口一批 Chemex，不到一周就被抢购一空。

有趣的是，梅莉塔或 Chemex 的手冲套件原本并不包括手壶，而是粗枝大叶地以家用热水壶浇灌滤杯，远不如日本精心设计的细嘴手壶来得讲究与优雅。不过，近年欧美引进日系细嘴手壶来冲 Chemex，充分体现咖啡时尚西洋融合东洋的无国界风（fusion style）。

美国于 1960 年后，又发明了电动滴滤壶，即俗称的美式咖啡机，在滤斗内加装滤纸去渣，逐渐取代较麻烦的手冲与焦苦味较重的摩卡壶。电动滴滤壶使用方便，效率高，味谱干净，至今仍是全球最普及的家用咖啡机，灵感亦来自手冲、滤纸与滤杯。

日本手冲工艺风靡全球

第二次世界大战后，日本师承德国梅莉塔滤杯、滤纸以及 Chemex 的滤冲原理，开发出日本独有的手冲系统与套件，包括细嘴手壶、滤杯、滤纸和底壶。手壶材质包括不锈钢、珐琅、合金和铜。壶嘴设计很讲究，有宽口、窄口、鹤嘴等名堂，五花八门，手壶成为手冲族把玩的收藏品。

滤杯材质也很炫目多元，有陶瓷、玻璃、耐热树脂和金属，滤杯的底孔除传统的三孔、四孔外，近年日本“玻璃王”抢先推出日式锥状手冲滤杯 Hario V60 及专用的甜筒状滤纸，抢走传统扇形滤杯风采。另外，日本 Bee House 造型独特的握嘴双孔滤杯，亦深受美国手冲族欢迎，这两款日本滤杯搭配“玻璃王”前卫造型的不锈钢极品手壶 Buono Kettle，几乎成了欧美第三波手冲迷必备行头。

V60 滤杯在台湾地区很流行，而设计感十足的 Bee

House 滤杯与“玻璃王”的极品手壶并不多见，手冲族更偏爱古意盎然的阿拉丁神灯细嘴壶 Kalita，玩家几乎人手一把，共谱浪漫的手冲情趣。

每杯 120 ～ 130 毫升

承接滤杯流下咖啡液的玻璃底壶，也很贴心地标示杯数或毫升量，底壶容量以 400 毫升最常见，大概是 3 杯量。一般来说，日本手冲求精不求多，一杯量有 120 毫升和 130 毫升两种规格，换言之，两杯与三杯量的规格分别为 240 毫升与 360 毫升或 260 毫升和 390 毫升，均标示在底壶外缘的刻度上，但是有些品牌采用每杯 120 毫升规格，有的以 130 毫升为准，并未统一。

不过，我们酗咖啡的玩家嫌杯太小，单人份经常要泡到两杯的刻度，即 240 毫升或 260 毫升才过瘾。一般来说店家每杯以 150 ～ 180 毫升为主流，很少泡到 200 毫升以上。

底壶标示杯数记号，更体现日本人的细心，反观美国的 Chemex 却无杯数标示，更彰显东西文化的差异。日本手壶、滤杯与底壶，制作极为精细，难怪近年欧美咖啡族也为之疯狂。

V60滤杯萃出率高于扇形滤杯

日式滤杯与滤纸，可分为两大类，一为继承梅莉塔的传统扇形滤纸与滤杯，另一款为“玻璃王”改良的锥状滤杯，也就是甜筒状滤纸与滤杯。传统扇形滤杯的底孔有一孔到四孔不等，但孔径较小，滞流性较佳，有助延长萃取时间。

而新型的锥状滤杯只有一孔，且孔径很大，约五元新台币硬币大小，畅流性较佳，有助缩短萃取时间。用惯传统扇形小孔径滤杯的人，初期使用锥状大孔径滤杯会不习惯，因为孔径太大，流速太快，容易泡出淡咖啡。

笔者比较传统陶制扇形三孔滤杯，以及V60锥形单孔玻璃滤杯的冲泡质量，总觉得传统扇形滤杯冲出的咖啡比较闷香低酸，而V60滤杯冲出的比较明亮，果酸味也较明显。怪哉，同款豆子用相同水温、刻度、泡煮比例与萃取时间来冲泡，却因滤杯构造不同而泡出不同的味谱。在好奇心驱使下，笔者决定一探究竟，两款滤杯以相同条件冲泡同款豆子，再以ExtractMoJo检测其浓度并算出萃出率，用科学数据来解释。

结果很有意思，ExtractMoJo数值显示V60滤杯测得的浓度及萃出率，均高于传统扇形滤杯，屡试不爽。这足以证明，日本“玻璃王”宣称甜筒状V60滤杯比传统扇形滤杯更有助于萃取，绝非戏言。但在检测前，原本以为传统扇形滤杯的浓度会高于改良的锥状滤杯，未料结果却相反。

也许可这样解读，甜筒状滤杯的咖啡液可从360度的任何角度流入底壶，畅流性优于扇形滤杯。反观扇形滤杯只有两个面供咖啡液流下，畅流性稍差，致使部分咖啡精华残留在咖啡渣内，未能萃入杯中，造成萃出率与浓度稍低。因此在相同的萃取时间下，锥状滤杯的萃出率与浓度会稍高于扇形滤杯。

如果你偏好较明亮、酸香的咖啡，可考虑V60滤杯；如果你喜欢比较闷香且酸味低的味谱，可考虑传统扇形滤杯。

手冲淡雅，味谱精致

手冲咖啡是慢工出细活的典型，套件包括手壶、滤杯、滤纸和底壶，虽有点小复杂，但只要有保温90℃以上的电热瓶，就可手冲，不需另备瓦斯、酒精灯或插座，机动性高又非常方便。赛风壶和电动滴滤壶是在瓦斯或电力持续加热下，进行泡煮，没有失温问题，但手冲是在离开电力与瓦斯的热源下，进行 2～4 分钟的萃取，从手冲一开始，水温逐渐下滑，堪称各种滤泡法中最讲究萃取技巧的一种。

手冲咖啡若以较高温的 90℃～94℃来冲泡，经过 2～4 分钟萃取，黑咖啡温度已降到 70℃～78℃，若以较低温的 82℃～89℃来冲泡，黑咖啡温度可能降至 70℃以下，是各式滤泡法中，入口温度最低的萃取法。因此有些喝惯热腾腾咖啡的人，不太习惯手冲温而不烫的特色。

手冲技术好坏，影响味谱至巨，优质手冲咖啡如琼浆玉液般甜美甘醇；失败手冲咖啡，三分像酸败馊水，七分像苦涩即溶咖啡。手冲变量多，不是大好就是大坏，肇因于萃取水温与冲泡时间，可自由选择与调控。这有好有坏，坏处是变量太多，不易拿捏，易弄巧成拙；但好处是，可针对不同产地特性及烘焙度，设计不同的萃取水温与时间，玩弄空间无限大，极富挑战性，这也是玩家沉迷难以自拔的原因。

一般来说，手冲诠释的咖啡味谱，会比虹吸式（赛风）更为细柔、明亮、滑顺、有层次感，甜感毫不逊色。但手冲的厚实度略逊于赛风，这应与手冲的滤纸会滤掉部分油脂有关，如以滤布来手冲，即可保留更多的油脂，厚实度近似赛风。一般而言，赛风以醇厚浓稠见长，手冲以淡雅、清甜、酸香著称，各有千秋。这些年来，笔者常以手冲来诠释 SCAA“年度最佳咖啡”或“超凡杯”优胜庄园豆，喝来确实比虹吸壶更为细腻有深度。手冲要泡得好，需注意相关参数。

 学会手冲的第 1 课：磨豆机刻度参数 

小飞鹰刻度实用参数

#4（适合淡口味或降低深焙豆焦苦味）

#3 ～ #3.5（浓淡适中，适合浅焙、中焙或中深焙）

#2.5（适合重口味，但深焙豆不宜）

磨豆机刻度越小，磨粉越细，咖啡越浓厚，就手冲族最常用的小飞鹰磨豆机而言，刻度 #3.5 ～ #3 浓淡适中，最适合手冲。如果再调粗到刻度 #4，亦可用来手冲重焙豆或浅中焙咖啡豆，但萃出率太低，要做好萃取不足、口感太稀薄的心理准备。

以刻度 #3 手冲最为安全，适合浅焙、中焙和中深焙大众口味，但深焙豆如以 #3 来手冲，有可能太浓苦。再调细半度到 #2.5，萃出率会比 #3 高出 0.5% ～ 1.5%，振幅很大，犯错容忍空间变小，水温太高或萃取时间太长，稍有闪失很容易冲出难喝咖啡。

但有些重口味老手喜欢以 #2.5 来手冲浅焙、中焙和中深焙咖啡，因为黏稠感与滑顺感更胜于 #3，余韵深远，但相对地，咬喉感的风险也大增。进入二爆密集阶段的深烘重焙豆最好不要以 #2.5 来手冲，失败率非常高。

烘焙度较深的咖啡萃出率较高，宜以较粗研磨加以抑制。反之，烘焙度较浅的咖啡萃出率较低，宜使用稍细研磨，但除非你是嗜酸族，如以刻度 #2.5 伺候浅焙巴拿马艺伎或肯尼亚，很容易萃出更多溶质，酸到嘬嘴。如果喜欢浅中焙又怕太酸嘴，建议调粗一点到 #3.5，即可抑制酸质的溶出。粗细度的拿捏，除看烘焙度外，更重要的是了解自己的偏好与产地豆性，很难有一个放之四海而皆准的研磨度。

学会手冲的第 2 课：泡煮比例参数

泡煮比例实用参数

· 重口味 1：11～1：10（咖啡豆重量比黑咖啡毫升量）

即金杯准则的 1：13.5～1：12.5（咖啡豆重量比生水毫升量）

· 适中口味 1：13～1：12

即金杯准则的 1：15.5～1：14.5

· 淡口味 1∶16～1∶14

即金杯准则的 1∶18.5～1∶16.5

刻度捉对了，但泡煮比例不对，也不易冲出美味咖啡。笔者反复试喝并进行浓度检测，发现手冲最佳泡煮比例，即咖啡豆重量比黑咖啡毫升量，介于 1∶13～1∶12，这相当于欧美四大金杯系统，咖啡豆重量比生水毫升量的 1∶15.5～1∶14.5，最容易命中“金杯方矩”萃出率 18%～22% 以及浓度 1.15%～1.55% 的黄金区间，而不致泡出味谱纠结在一起的浓咖啡或水味太重的稀薄咖啡。

相信大多数手冲族的泡煮比例，应落在此区间内，笔者最常用的手冲泡煮比例为 1∶13～1∶12，即金杯准则的 1∶15.5～1∶14.5。

当然，也有些手冲族采用较极端的泡煮比例，比如重口味的嗜浓族常以 1∶10 来手冲（金杯比例的 1∶12.5），利用较高浓度来弥补萃取不足，也就是只求萃取低分子量与中分子量的酸甜滋味物，避免萃出高分子量苦涩物，虽然亦可泡出醇厚的美味咖啡，但浓度太高，一般人不易接受，而且太浪费咖啡粉，不值得鼓励。其实，以较正常的 1∶12（金杯比例的 1∶14.5）亦可泡出很醇厚的好咖啡。

有趣的是，也有些淡口味咖啡族喜欢以较稀释的

1：14 以下的比例来手冲，但请不要轻视这些淡口味族，他们的味蕾可能更敏锐，可从较薄的咖啡液中鉴赏出千香万味的层次感。如果非得使用 1：10 来冲泡才觉得够味，那可能是味觉太迟钝，需仰赖高浓度来刺激味觉。

泡煮比例不会随着杯数增加而下降

手冲也有不少神话，坊间盛传咖啡粉量每增加一人份，即可少用 2 克粉量，也就是说，如果以 14 克粉量冲一杯 180 毫升的咖啡，那么只需以 26 克粉量（节省 2 克粉）就能冲泡两杯量，共 360 毫升咖啡。换言之，泡煮比例可从一人份的 1：12.8 下降到两人份的 1：13.8。这究竟是神话还是真理？

这些省钱戏法的神话并不可信，因为咖啡豆可供萃取的水溶性成分，顶多只占豆重的 30%，有些产地的咖啡可能还更低。味蕾会说话，少了 2 克咖啡粉的泡煮比例 1：13.8，喝起来明显比 1：12.8 更稀薄。以手边的 ExtractMoJo 来检测，果然，1：12.8 的浓度为 1.42%，明显高于 1：13.8 的浓度 1.39%。

因此，在相同的泡煮比例下，咖啡的浓度不会随着杯数增加而自然上升。也就是说，以 1：12 的比例，手冲一杯量的浓度，与同比例手冲两杯量或三杯量的浓度是相同的，咖啡粉的用量也不会因为杯数增加，而有减少的空间，多少粉量能冲出多少咖啡，其浓度自有定数，除非你以更细的咖啡粉或更高的水温冲泡，这另当别论。

另外，如果底壶剩下数十毫升黑咖啡，有些精打细算的店家为免浪费，有可能下次手冲时会酌量少加些粉，这不无可能。总之，有信用的店家还是老实点，不需为了节省几克咖啡而得罪味蕾敏感的老客人。

量杯必备，捉准萃取量

值得留意的是，我们的手冲习惯与日本不同，日本一杯或一人份约 120 毫升或 130 毫升，但我们觉得太小气，一般店家会泡到 150～180 毫升，玩家更大气，一人份多半会冲到 240～260 毫升的两杯量。

换言之，我们手冲的毫升量大家随兴而为，这倒无妨，喝咖啡浪漫点并非坏事。重点是手冲前最好先以量杯检测一下你的底壶杯数毫升量是以 120 毫升为准还是以 130 毫升为准，如果三杯量，两者差到 30 毫升，足以影响浓淡值。

另外，底壶虽然好用，但底座太大，加上玻璃材质很容易失温，冬天尤然，在15℃以下的天气手冲2～3分钟后，再把底壶的黑咖啡倒进杯内，咖啡温度往往掉到68℃以下，不够窝心。偏好较烫嘴的手冲族，建议不要用底壶，直接把滤杯放在容量较小的陶杯口或量杯上，这样手冲的失温也会较少，但务必先了解陶杯的毫升量，才不致保住了温度却失去了泡煮比例。

学会手冲的第3课：水温参数

水温实用参数

· 88℃～94℃（中焙至浅焙）

· 82℃～87℃（重焙或中深焙）

一般来说，手冲是在没有电源与火源持续加温的情况下进行萃取，因此冲泡过程很难保持恒温，水温会持续下降，但这也是手冲的可贵之处。只要手壶水温的降幅在可控的4℃以内，诸多咖啡芳香物反而因分子量与极性不同，溶解难易有别，会在不同萃取水温下呈现多变的振幅，这可能是手冲味谱较细腻且层次感较丰富的原因。

手壶因材质与构造不同，会有不同的保温效能，以笔者目前所用，绰号“壶王”的Kalita细口阿拉丁神灯壶，保温最佳，可控制萃取时间在3分钟左右，失温在4℃以内。但冬天水量必须加到六至七成满，并加上壶盖冲泡，手壶的水量如果少于五成满，失温幅度会很大，增加冲泡的变量。

手壶亦有个性美

“壶王”锁温佳，可能和铜的材质以及壶身矮胖、底宽颈窄有关，因此萃取水温不需太高，82℃～91℃即可。反观Tiamo 1升不锈钢高身宽嘴壶，保温效果明显较差，3分钟左右会失温6℃以上，但这不表示这把壶不能泡出好咖啡，只需提高冲泡水温到92℃～94℃，亦可冲出美味咖啡。因此，手冲水温的高低，并无放之四海而皆准的参数，仍需视手壶的锁温性能以及豆性而定。

保温较差的手壶，可提高萃取水温来适应，但锁温较佳手壶，不妨稍降水温。每把手壶有不同的锁温性能，代表不同的萃取个性与冲泡质感，这使得手冲更具趣味性与挑战性。

莫忘参考烘焙度

萃取水温的高低，还要考量咖啡豆的烘焙度。如果是浅焙至中焙，也就是尚未烘进二爆阶段，如以“壶王”手冲，水温为 88℃～91℃即可；如果是烘进二爆的中深焙和重焙，就需温柔点，以 82℃～87℃水来泡。原则上，烘焙度越深，水温要越低，烘焙度越浅，水温要越高，但请勿矫枉过正，采用超乎正常的高温或低温来手冲，水温过低，萃出率低于 18%，水温太高，萃出率超出 22%，均会出现碍口的味谱。

就浅焙至中焙而言，稍高的萃取温度，香气较丰富，味谱较有动感，亦可抑制浅焙豆的尖酸味，水温如果低于 85℃，易萃取不足，味谱失去活力。但勿矫枉过正，以超高水温来手冲浅中焙豆，反而容易萃取过度，产生酸苦的咬喉感。

就“壶王”而言，88℃～91℃很适合手冲浅中焙豆，有些豆子甚至要以 90℃～92℃的高温水萃取才更香醇，但超出 92℃，容易拉高萃出率至 22% 以上，而溶解出更多高分子量的酸苦物，就会产生不好的味谱与口感。有趣的是，锁温较差的 Tiamo 1 升不锈钢高身宽嘴壶，冬天以 94℃高温水手冲浅中焙豆，会比以 90℃以下的低温水冲更厚实甜美。因此，手冲采用稍高温或稍低温，需以合乎金杯准则萃出率 18%～22% 为规范。

不要忽视气温因素，在盛夏35℃的高温环境下手冲，水温不妨稍降几摄氏度，因为高温环境不易失温，夏天水温太高容易萃取过度。反之，在寒流来袭时12℃以下的低温环境下，手冲最易失温，手壶的水温不妨升高几摄氏度，以免失温过剧，萃取不足，泡出一杯死酸又碍口的咖啡。手冲要好喝需考虑气温变因。

学会手冲的第4课：预浸时间参数

预浸时间实用参数

浅焙30～40秒

中焙20～30秒

中深焙10～15秒

重焙不要预浸，采用不断水手冲

研磨越细，预浸时间越要斟酌缩短

预浸时间长短，关乎手冲成败，这好比盖房子要先打好地基，地基稳固，楼房成功一半。预浸是指萃取前，先以较少量的热水平铺咖啡粉层，让热水渗进咖啡坚硬纤维质的细胞壁，逼出里面的气体，使水溶性滋味物更易被热水萃出，为接下来的冲煮热身。

预浸的水量过犹不及，最好是小量注水，润湿咖啡粉层即可，底壶在 5～8 秒出现几滴咖啡液，表示粉层上下皆被滋润到了。如果没有咖啡液渗入底壶，表示预浸的水量太少，只滋润到了上面的粉层，下半部分粉层仍然干燥，预浸不完全，容易导致上半部分萃取过度，下半部分萃取不足。如果注水预浸，2～3 秒内出现水柱状咖啡液流入底壶，表示预浸的水量太大，已开始萃取了，并未达到预浸效果。因此，预浸水量多寡，需要勤加练习，才可熟能生巧。

预浸时间要看烘焙度

预浸时间长短，也要看烘焙度的“脸色”。原则上，烘焙度越浅，纤维质越坚硬不易萃取，预浸时间需稍长点；反之，烘焙度越深，纤维质越松软，越易萃取，预浸时间就要短，深烘重焙豆甚至不需预浸，直接以不断水手冲即可，以免萃出过多焦苦涩成分。

浅焙豆至少需预浸 30 秒，中焙豆至少要 20 秒，中深焙豆需 10～15 秒。深烘重焙豆除外，手冲最好采用预浸法，较容易泡出醇厚甜美的咖啡，但若烘焙不当，炭化微粒堆积太多，即使浅焙豆也会苦口咬喉。因此，买到烘焙不当的咖啡，千万不要预浸，要直接以不断水方式手冲，以免火上加油，更为苦口，因为预浸会拉升萃出率与浓度。另外，口味较清淡者，亦不需预浸，采用不断水手冲的方式，较易冲出淡雅的咖啡。

学会手冲的第 5 课：萃取时间参数

萃取时间实用参数（浅中焙，小飞鹰刻度 #3.5 为例）

· 15 ～ 20 克粉，需时 2 分～ 2 分 30 秒

· 21 ～ 25 克粉，需时 2 分 30 秒～ 3 分

· 26 ～ 30 克粉，需时 3 分～ 3 分 40 秒

手冲和赛风一样，泡煮时间越长，浓度越高，但很多手冲族并无时间观念，豪迈地以大水量手冲，不到 1 分 30 秒，就泡好一杯咖啡。要知道，速战速决的手冲不会有细腻的味谱，喝来薄弱无活力，百味不均衡，甚至尖酸碍口，这是萃取不足所致，很多咖啡精华仍残留在咖啡渣内。相反，如果粉磨得太细，畅流性受阻，萃取时间拖太长，则很容易萃取过度，冲出苦口咬喉的咖啡。

在台湾地区，店家一般是以 12～15 克咖啡粉，冲泡一杯 150～200 毫升咖啡，但萃取时间务必满 2 分钟，才有可能拉升萃出率至金杯准则的 18%～22%，并且浓度落在 1.15%～1.55% 的美味区间，但也不能拖太长，超出 2 分 30 秒就容易有萃取过度的味谱，磨粉越细越要斟酌缩短萃取时间。

手冲时间长短应以烘焙度和咖啡粉量为指标。在正常的粗细度下，手冲 15～20 克咖啡，萃取时间最好从预浸开始算，也就是加上预浸时间，全部冲泡时间在 2 分～2 分 30 秒，烘焙度越浅或粉量越多就越往 2 分 30 秒靠近，烘焙度越深或粉量越少则越往 2 分钟靠拢。若低于 2 分钟的下限，咖啡则会口感薄弱，失去活泼感，若超出 2 分 30 秒，苦味与咬喉感增加。

手冲 21～25 克咖啡，预浸加上萃取时间最好在 2 分 30 秒～3 分，烘焙度越浅或粉量越多，就越往 3 分靠近，烘焙度越深或粉量越少，则越往 2 分 30 秒靠拢。

手冲 26～30 克咖啡，预浸加上萃取的时间最好在 3 分～3 分 40 秒，烘焙度越浅或粉量越多，就越往 3 分 40 秒甚至 4 分钟靠近，烘焙度越深或粉量越少，则越往 3 分钟靠拢。

日式手冲的粉量最好不要超过 30 克，以免粉层太厚，萃取时间拖太长，造成手壶水温降幅太大，增加萃取的不稳定性。手冲粉量最好不要低于 15 克，会比较好上手。

细嘴注水慢，粗嘴注水快

日式手冲以浅中焙至中深焙为主，粉量以 15～30 克最普遍，因此手冲时间多半介于 2～4 分钟。手壶的壶嘴口径大小会影响注水的快慢，“壶王”Kalita 阿拉丁神灯壶为窄嘴壶，水注较细，容易控制水流，很受初学者喜爱，但这不表示其他宽嘴壶就不好用。宽嘴壶只要勤加练习，掌控得宜，亦能以小水流与大水流交替手冲，更有挑战性，手冲行家似乎更偏爱宽嘴壶，挥洒空间更大。

总之，勤练水流大小，直到收放自如，可大可小，是掌控手冲时间的必要技巧。

手冲实战

了解手冲相关参数之后，接下来开始实务操作吧！

以 V60 滤杯为例

V60 滤杯畅流性较佳，如果掌控水流技术不佳，水注太大，不到 1 分 30 秒就结束冲泡，萃取时间太短，反而容易造成萃取不足。很多新手埋怨 V60 滤杯的风味较清淡，但只要勤练水流，拖长萃取时间至两分钟以上，即可体验 V60 的威力。

建议手冲新手先以传统扇形滤杯练习手冲，等水流控制得心应手，再升级到较难操控的 V60 滤杯，会有新的体验。要注意的是，V60 滤杯的萃出率较高，冲泡 20 克咖啡如果超过 2 分 30 秒，豆子条件太差就很容易萃取过度，出现涩苦风味。

SWEET
380

V60
滤杯手冲步骤

准备：
细嘴手壶、滤杯、滤纸、底壶和温度计。

第一步
滤纸折好后，置入滤杯。

第二步
先以 100 ～ 150 毫升热水，手冲滤纸，让热水流入底壶。

第三步
将磨好的咖啡粉倒进滤杯，并轻拍滤杯，整平粉层。

第四步
倒掉底壶的温水。

第五步

手冲前最好先量一下手壶里的水温是否符合萃取所需的水温。

第六步

小量注水，润湿粉层即中断给水，水量大小要注意过犹不及。

第七步

5～8 秒内，底壶有小水滴流下，表示预浸成功，预浸时间为 10～30 秒，视烘焙度而定。

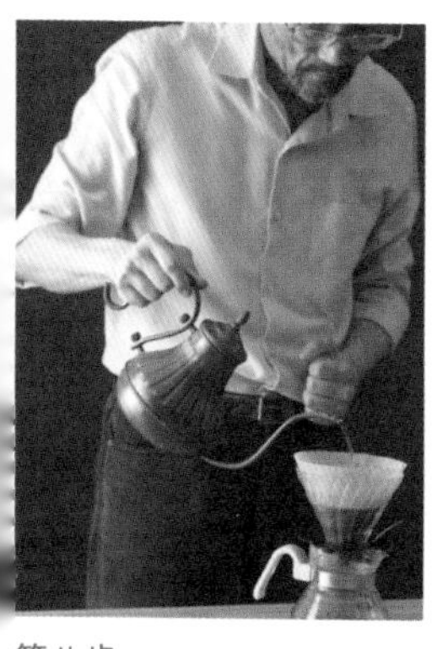

第八步

手冲时手腕与手臂务必打直，手腕不要左右或上下摆动，腕部务必和手臂连成一体。

第九步

在滤杯上方徐徐注水，画同心圆，从滤杯的内层画向外层，再由外而内。

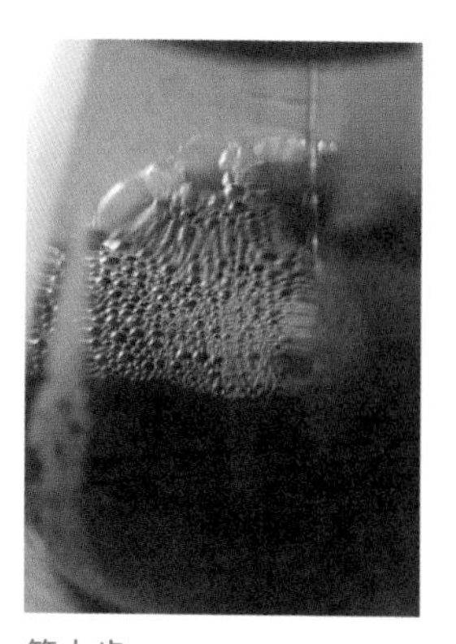

第十步

注意萃取时间以及底壶的水位。

Chemex
滤壶手冲步骤

Chemex 滤壶有多种款式，每杯以 150 毫升为准，最小容量为 3 杯量，最大为 10 杯量。Chemex 与日式手冲壶最大的不同是“一体成型”，即滤杯与底壶合体，无法分离。另外，Chemex 专用滤纸也比日式滤纸更厚、更大且更有质感，有圆形与四方形款式，折法与日式滤纸不同。

1. 圆形滤纸：先对折成半圆，再对折成两个圆锥杯，撑开即可使用。
2. 方形滤纸：撑开滤纸，开口朝上，底角朝下，形成两个锥状杯，择其中一杯使用。

亦可使用日式锥形滤纸，不过，冲出来的咖啡口感不如专用滤纸厚实。过去，美国民众常以自家大水壶来冲 Chemex，今日则改用日式尖嘴壶来手冲，增添几许优雅。

Chemex 泡煮比例以 1：12 为圭臬（咖啡粉重量比黑咖啡毫升量，即金杯准则的 1：14.5)，虽然壶的外缘并无杯数或毫升注记，但壶具的二分之一容量处，会有一个隆起的标志，提醒冲泡者泡煮比例约为 1：12，颇有参考价值。Chemex 滤纸使用后，清洗干净至少可重复使用三次，但切忌隔夜再使用。

准备：细嘴手壶、玻璃滤壶和专用方形滤纸。

第一步

张开专用方形滤纸，撑开任一锥状杯，置入玻璃滤杯。

第二步

以 150 毫升热水冲洗滤纸，再取出滤纸，倒掉壶底的热水。

第三步

将润湿的滤纸置入滤杯，倒进磨好的咖啡粉并整平。

第四步

再以温度计测手壶的水温。浅焙至中焙以 88℃～91℃为最佳。

第五步

小量注水，润湿粉层即中断给水，预浸 10～30 秒。

第六步

手冲动作与日式相同，手腕与手臂务必打直，壶嘴在滤杯上方徐徐注水，画同心圆，从内向外，再由外向内。

第七步

注意萃取时间与底壶水位是否到了 1:12 的标志处。以 Chemex 6 杯量为例，一般以 40 克粉，萃取到 480 毫升最为常见，水温降幅过大，增加变量。

手冲实战的五大要点

简单了解手冲的基本做法后，也许大家在操作时仍对部分细节感到疑惑，不妨再检视每个步骤的重点提示，让手冲美味咖啡很自然地变成生活习惯。

要点 1：润湿滤纸去杂味

传统扇形滤纸有两个缝边，一个在侧面，另一个在底端，最好从不同方向折边，如果侧缝边往内折，底缝边就往外折。但新款 V60 滤杯的滤纸为甜筒状，并无底缝边，只需折侧缝边即可。

将滤纸折好后，置入滤杯，此时不要放咖啡粉，先以 100～150 毫升热水手冲滤纸，让热水流入底壶。这点很重要，一来可去除残余的漂白剂、荧光剂和纸浆杂味，二来可预温手壶、滤杯与底壶，但切记在正式手冲前要倒掉底壶的温水。

很多手冲族直接将咖啡粉倒进干燥的滤纸，未先以热水冲洗滤纸，就开始冲泡，这样会将滤纸的杂质与异味随着黑咖啡一起喝下，很不卫生。为了你的健康，切记务必在滤纸经过热水“洗礼”后，再将咖啡粉放进去。

由于手冲式咖啡的温度较低，多半在 70℃～80℃，所以不要忘了温壶与温杯，如果你担心底壶的咖啡倒进杯子会再度失温，亦可不用底壶，直接把滤杯靠在杯子上手冲，这样黑咖啡的温度会比较高。但前提是要知道杯子的毫升数是多少。

滤纸的畅流性也很重要，日本 Kalita 和 Hario 滤纸都不错，但日本三洋产业株式会社的锥形滤纸的畅流性有问题，手冲 20 克粉量（约 240 毫升咖啡），要花 3 分钟，很容易萃取过度，正常滤纸不需耗这么久。

要点 2：测量水温要确实

润湿滤纸清除杂味后，接着将磨好的咖啡粉倒进滤杯，并轻拍滤杯，整平粉层。记得倒掉底壶的温水，再将滤杯放在底壶上，接着以温度计测量手壶的水温。

手冲是离开加热源的萃取法，因此，手冲前务必先量一下手壶里的水温，看是否符合烘焙度所需的水温。原则上，浅焙与中焙豆以 88℃～91℃的水冲泡，中深焙与重焙豆则以 82℃～87℃的水冲泡。水温太低则要补温，太高则要降温。手冲请不要太吝啬，手壶的水量最好要六至七成满，锁温效果较佳。很多人手冲 200 毫升咖啡，手壶只装了 300 毫升水量，还不到手壶的半满，这样手壶失温幅度大，夏天或许不打紧，到了冬天就不易冲出醇厚又有动感的好咖啡。

手冲用的温度计以厨师用的针状数位温度计为佳，一支不到人民币 100 元，值得投资。手冲前最好先量水温，更可体验水温对手冲质量的影响力。如果以 90℃水手冲，用 2～3 分钟冲完后，底壶的黑咖啡温度会降到 80℃以下，再倒进杯中，温度可能不到 75℃，冬天更可能掉到 70℃以下，因此手冲咖啡的温度会比赛风低 10℃以上，此乃手冲的宿命。

要点 3：预浸咖啡助萃取

确认了萃取水温，盖上壶盖，接着进行粉层的预浸。日式手冲有断水与不断水两个流派。断水是指小量注水，润湿粉层即中断给水，预浸 10～30 秒，再开始正式注水；不断水是指从注水开始就不要停，直到萃取完成，也就是省略预浸手续，因此萃取时间较短。

有预浸的断水法，冲出来的咖啡的萃出率与浓度明显高于不断水法，味谱较为厚实。除非口味非常清淡或咖啡豆烘得很深，最好还是采用有预浸的断水法，这样冲出来的咖啡才较为滑顺、浑厚且有质感。

断水法的预浸要诀在于：小量注水，热水润湿咖啡粉即停。此时咖啡粉隆起，煞是好看，如果粉层冒大泡或出现龟裂，表示水温太高，一般 92℃以上会有此现象。烘焙得宜的浅焙和中焙豆，尚耐得住此高温，但最好使用 88℃～ 90℃的水。

不过，有些手壶锁温较差，冬天就需将温度提高到 94℃～ 95℃才能泡出好咖啡。预浸时间按照前面所述，依烘焙度而定，浅焙豆的预浸，可长达 30 ～ 40 秒，重焙豆就不必预浸，直接以不断水法手冲，较能抑制重焙豆的焦苦味并泡出甘甜味。

要点 4：腕臂打直细注水

预浸后，开始正式注水萃取时，请注意手冲时手腕与手臂务必打直，手腕不要左右上下摆动，腕部务必和手臂连成一体，亦步亦趋。手冲与拉花不同，拉花靠腕力，但手冲千万不要用腕力，这会乱了稳定水流，手冲主要靠手臂的稳定力道，在滤杯上方徐徐注水，画同心圆，从滤杯的内层画向外层，再由外而内，但注水接近外层时，尽量不要冲到杯壁或滤纸，以免热水直接沿壁而下，未萃取到咖啡成分，徒增水味。

注水要来回几次，没有硬性规定，这与粉层厚薄有关，用粉量多，注水次数也会增多，重点是控制水流大小，20 多克的粉量，最好在 2～3 分钟内完成萃取。

壶嘴不要离粉层太远，以免水流冲击力太强，逼出高分子量的涩苦成分。初学者喜欢以细口壶来手冲，水流较容易掌控，熟能生巧后，不妨升级使用宽口壶，考验自己的水流掌控能力，宽口壶冲出的咖啡质感，较之细嘴壶，有过之而无不及，端视玩家的掌控力。

要点 5：注意时间与流量

手冲不要只顾着画同心圆，还要一心多用，注意萃取时间以及底壶的水位。15～20 克咖啡豆，如以刻度 #3.5 来手冲，萃取时间至少要满 2 分钟；25 克咖啡粉要萃取 3 分钟左右；30 克咖啡粉就要花上 3～4 分钟。

萃取时间会随着粉量的增加而增加，这很正常，但咖啡粉若超出 30 克，变量就会大增，这与粉层太厚与萃取时间太长，手壶水温大降有关。日式手冲最好用 15～30 克咖啡粉，效果最佳。

手冲时还要注意底壶的水位，借以调整水流大小，一般来说，手冲水流宜采先小后大，会较有层次感。手冲看来很简单，但易学难精，有赖长期勤练。

Chapter 10

第十章

如何泡出美味咖啡：赛风 & 聪明滤杯篇

2003 年后，精品咖啡第三波跃起，带动滤泡式黑咖啡复兴运动，手冲与赛风成为欧美标榜第三波精品咖啡时尚必备行头。不过，手冲与赛风，技巧好坏实在差很多，如果是懒人一族，爱喝好咖啡又不想伤神，不如使用你“傻瓜”、它“聪明”的台式聪明滤杯，一样能享用好咖啡。

后浓缩咖啡时代：赛风复兴

赛风是中国台湾地区早期咖啡馆最经典的泡煮法，至少流行了半个世纪，但1990年后，台湾地区掀起意式咖啡热潮，1998年精品咖啡第二波的带头大哥星巴克进军台湾地区，引燃拿铁与卡布奇诺新时尚，重创老迈的赛风咖啡馆，黑咖啡由盛而衰，几乎成了老一代咖啡人的追忆。

赛风近年在日本与中国台湾地区，已不复昔日盛况，逐渐被手冲取而代之。不外乎是因为赛风壶的玻璃材质易破碎，滤布易发臭，还需另备瓦斯炉、卤素灯或酒精灯等热源，方便性与机动性远不如手冲。

但赛风仍有得天独厚的优势，如萃取水温容易掌控，泡煮质量相较于手冲更为稳定，而且味谱丰富厚实。虽然赛风的流程较为复杂，但手冲要完全取代赛风，几乎不可能，毕竟还有一大批怀旧赛风迷存在，大伙儿沉醉在琐碎细节与连篇神话里，尽享赛风的无边魅力。

发源于欧洲

赛风的历史比手冲还早 70 年以上，19 世纪三四十年代，德国柏林的洛夫（Loeff）最先发明玻璃材质、上下双壶的赛风萃取法，后来经过法国、英国和德国后进不断改良与多国专利，盛极一时。

1960 年后，美国发明电动滴滤壶，既方便又省事，逐渐淘汰欧美的手冲壶、赛风壶和摩卡壶，但日本人依旧迷恋古朴的赛风与手冲，加以发扬光大，所以今日还有不少咖啡迷，误以为赛风和手冲是日本人的发明，其实两者皆滥觞于欧洲。

滤器大观

赛风套件包括下壶、上壶、滤器（金属或陶瓷）、滤布或滤纸、搅拌棒和瓦斯炉或酒精灯，比手冲套件还要复杂。赛风的滤器值得一提，传统滤器是金属材质，但 4 年前日本 Kono 推出弧形陶瓷滤器，引起不少话题。有人认为陶瓷滤器泡出的赛风，风味更为平顺柔和，不易出现突兀的味谱，而传统金属滤器泡出的赛风比较有个性，振幅较大。但也有人认为两种滤器没啥差异，纯粹是心理作用，可谓言人人殊。

两款滤器除材质有别外，外貌也大不同，金属滤器很平坦，但陶瓷滤器却是隆起的弧形，所附的滤布如果是日本 Kono 原装货，织法很细致，尤其是背面的缝边很工整，泡煮时不太会冒气泡，可减少水流干扰，就可能因此而泡出较温和的口感。但代价不小，售价是金属滤器的好几倍。

赛风的滤器包裹一片滤布，有人嫌每次泡完都要清洗滤布太麻烦，赛风滤纸应运而生，需搭配专用的组合式滤器，滤纸用过即丢，非常方便，但泡完后偶尔还是会渗入细微咖啡渣。目前仍以传统金属滤器最普及，使用 Kono 弧形滤器以及滤纸滤器的人较少。

虹吸原理

赛风的下壶可称为容量壶，圆球状上标有几杯份的水量刻度。上壶为圆柱状，可称为萃取壶，其基部有一根直通下壶的玻璃管，而包有滤布或滤纸的滤器，就紧铺在上壶基部的玻璃管口，过滤咖啡渣。

下壶的水加热后产生水蒸气与压力，热水被从玻璃管推升到上壶，开始泡煮上壶的咖啡粉。萃取好后，移开火源，此时下壶已呈半真空状，又失去上扬推力，下壶于是又把上壶咖啡液吸下来，咖啡渣被阻挡在上壶的滤布上，完成萃取。赛风壶（Siphon Pot）因此又称虹吸壶（Vacuum Pot）。

赛风如上山，手冲如下山

赛风的最大优点是，下壶扬升到上壶的水温，可运用炉火操控技巧，保持在低温的86℃～92℃或高温的88℃～94℃。前者是泡煮深焙豆较佳的水温区间，后者是泡煮浅中焙豆较佳的水温范围。

赛风是在热源持续、水温逐渐上升的环境下进行泡煮，水温曲线徐徐向上，如爬山状，水温较高，咖啡粉的萃出率较高。反观手冲，是在加热中断、水温逐渐下降的环境下进行萃取，水温曲线逐渐下滑，如下山状，水温较低，咖啡粉萃出率容易偏低。相对而言，赛风的变因较小，此乃赛风较容易泡出醇厚浓咖啡的秘诀。

因为赛风泡煮水温较高，咖啡的厚实度明显高于手冲，冬季寒流来袭，感受尤深。赛风以味谱厚实著称，但手冲以味谱细腻见长，各有千秋，端视个人的使用习惯与偏好而定，无须为两种萃取法分出高下。

入门版
赛风泡煮步骤

准备下壶、上壶、滤器（金属或陶瓷）、滤布或滤纸、搅拌棒和瓦斯炉或酒精灯。

第一步
先将包裹滤布的滤器置入上壶铺平。

第二步
从玻璃管口拉出滤器垂下的弹簧珠珠扣环，扣紧管口。

第三步
将上壶暂插在立座上。下壶加进适量热水或冷水。

第四步
以干布擦拭上下壶。

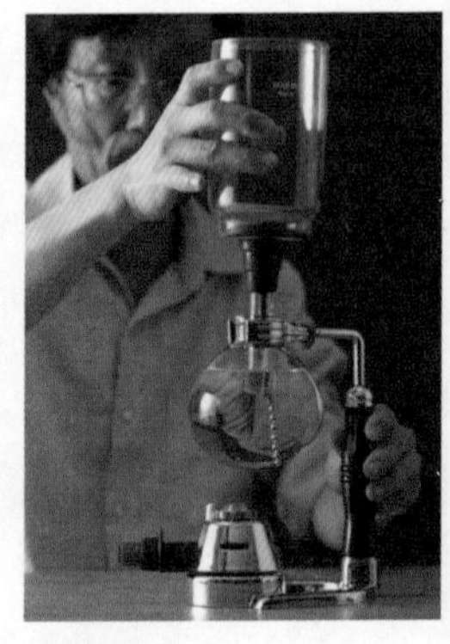

第五步
上壶入下壶。

第六步
开火加热，等下壶的水升到上壶，观察上壶没有大气泡，即可下粉。

第七步
开始计时 40 ～ 60 秒，并以竹棒迅速搅拌。

第八步
关火搅拌。

第九步
以湿布贴下壶。

第十步
30 秒左右，咖啡液全数流入下壶。

第十一步
左手握紧下壶手把，右手前后左右轻摇上壶，即可优雅分离上下壶。

赛风泡煮的七大要点

简单了解赛风的基本流程后，也许你对部分细节仍感到疑惑，不妨再检视每个步骤的重点提示。

要点 1：上壶滤器扣紧玻璃管

泡煮赛风前，首先要将包裹滤布的滤器置入上壶铺平，再从上壶的玻璃管口拉出滤器垂下的弹簧珠珠扣环，扣紧管口。很多初学者忘了此道工序，滤器会被上升的水流冲开，咖啡粉末渗入下壶，泡出一壶污浊咖啡。滤器铺平扣紧后，将上壶暂插在立座上，接着打点下壶的水量。

要点 2：下壶加进适量热水或冷水

泡煮浅焙与中焙豆，可在下壶加入热开水，以创造88℃～94℃的高温萃取环境。泡煮重焙豆则要改以生冷水，以创造86℃～92℃的低温萃取环境。下壶加热水或生冷水，再辅以火力调控，很容易营造截然不同的萃取环境，是赛风老师傅的私房绝技，可视豆性与烘焙度决定使用热水或生冷水。

加入适当水量前，先要了解日系和中国台制赛风的下壶水量刻度，一般有两种规格：一为单人份 120 毫升，两人份 240 毫升，三人份 360 毫升；二为单人份 130 毫升，双人份 260 毫升，三人份 390 毫升。两种规格有 10～30 毫升的落差，这会影响到咖啡浓淡与萃出率，因此泡煮前务必先了解是哪种规格，这点很重要。

萃取水量该加多少？可先按照日式赛风设计初衷的泡煮比例 1：12 或 1：13 来试泡，也就是单人份 10 克粉，对上 120 毫升或容量较大的 130 毫升水量，泡煮后，下壶约有 100 毫升黑咖啡。

但赛风壶以三人份最普及，以三人份的容量来泡 120～130 毫升咖啡，水量太少，火力不易调控，台湾地区很少有人这么泡赛风，下壶水量一人份，一般会加到 150～200 毫升，比较容易上手，粉量在 12～18 克。

初学者不妨以 30 克粉对上 360～390 毫升热水，会比较好泡，此一泡煮比例，亦为 1：12 或 1：13。

要点 3：以干布擦拭上下壶，上壶入下壶

下壶入水后难免沾上水滴，务必擦干，以免开火加热后下壶龟裂。擦干后，将下壶安置于瓦斯炉上方，并将上

壶直接垂直插入下壶，但也可以先斜插上壶，等下壶水温升高，弹簧珠珠冒气泡再扶正上壶，垂直插入下壶。

这两种插法会影响萃取水温，各有信众。一般来说，采用前者的直接插入法，上壶最初的泡煮水温会稍低于后者，两者各有利弊，一味拥护直插或斜插并不可取，直插或斜插搞定后，争议没了，咖啡粉该如何下，还有的争。

要点 4：开火加热，先下粉 VS 后下粉

赛风泡煮法，千门万派，神话传说每天都有。有些赛风玩家为了咖啡粉应该先放入上壶，再开火煮水，也就是咖啡粉是被热水载上来，还是先开火煮水，等水升到上壶后，再倒下咖啡粉，孰是孰非，吵到面红耳赤闹绝交！

双方信众先别吵，且看数据说话，以 ExtractMoJo 检测两种泡法，发觉先下粉或后下粉，咖啡的浓度与萃出率没多大差异，均在误差范围内。况且以两种泡法杯测，喝不出有任何惊天动地的差异。

这不难理解，赛风的浓淡与味谱好坏取决于泡煮过程的火力控制、水温、搅拌力以及时间长短，先下粉或后下粉并非关键变因，充其量只是习惯与偏好不同罢了。

但为谨慎起见，如果要采用先下粉的方法，上壶最好

先斜卧下壶，可避免热气与热水预浸到咖啡粉，增加泡煮的变量。反之，等热水升上来再加粉，不会有预浸变量。两者并无对错，各有优缺点，使用你习惯的那种即可。

基于教学方便，笔者以上壶插入下壶，开火加热，等下壶的水升到上壶再下粉，也就是将后下粉作为赛风的流程，因为这样比较好计时。但这不表示笔者反对先下粉的流程，有时为了方便也会这么做。总之，先下粉还是后下粉，问题没那么严重，轻松以对，世界和平。

要点 5：调降火力，搅拌咖啡，开始计时

下壶的水升到上壶后，可稍调降火力，并观察上壶的滤器是否有大气泡冒出，有的话，表示滤布缝边不平，气泡会从细缝冒出，此时需用竹棒压压冒泡处。调整气泡要迅速，不可拖太久，以免水温升高过剧。上壶滤器如果持续冒大泡会有搅拌作用，提高萃出率与浓度，如果是小气泡则无妨，没气泡更佳，表示萃取环境稳定。

调整后，上壶没有大气泡，即可下咖啡粉，粉水接触后，开始计时 40～60 秒，并以竹棒迅速搅拌 2～5 秒，也有人搅拌二十几秒。一般来说，搅拌时间越长，越易拉升萃出率，提高浓度与杂味，因此搅拌时间的长短视个人口味而定。

另外，在下粉前亦可先用竹棒在上壶画圈，制造漩涡，再倒粉下去，可加速咖啡粉与热水的融合，缩短搅拌时间，此并非硬性规定，依习惯而定。

有趣的是，下粉后搅拌方式与姿势也有门派之见，包括下压法、井字法、8 字法、一柱擎天法、画圈法、十字法……不胜枚举。搅拌力道会影响水流强弱，牵动咖啡粉萃出率，进而影响浓度，非同小可，但也不必矫枉过正，誓死捍卫某一技法，贬损其他搅拌法。

重点不在手势美不美，搅拌力道与持续时间才是影响萃出率的主因。大可不必理会诸多华而不实的搅拌神话与美技，本书就以最普遍也最有效的画圈法为主，世界赛风锦标赛的选手几乎全采用画圈搅拌法。

赛风的搅拌可分为二拌法与三拌法，前者是指下粉后开始搅拌，是为一拌；萃取时间到，关火再搅拌，是为二拌，也就是头尾各拌一次。至于三拌法是指头尾两拌的中间，也就是泡煮 30 秒左右，再追加一次搅拌，可提高浓度，视个人需要而定。

要点 6：关火搅拌，湿布贴下壶

时间一到，关火搅拌，再以湿布贴下壶，可加速下壶冷却，让上壶的咖啡液快速回流进下壶，以免萃取过度，增加苦味。如果你提早关火，或磨粉较粗，就不必急着以湿布贴壶，自然降温，稍慢点流入下壶也成。

取出上壶时要小心，切忌用蛮力抽出上壶，玻璃管很容易碰撞下壶而破碎。左手握紧下壶手把，右手前后左右轻摇上壶，即可优雅分离上下壶。最后摇摇下壶，让咖啡液均匀混合，即可入杯。

要点 7：洗清上下壶与滤布

赛风使用后，记得清洗上下壶与滤器。咖啡渣附着于上壶滤器，不易取出，不妨以左手握住上壶，右手朝壶口轻拍几下，即可震离咖啡渣，方便倒出。再松脱扣在上壶玻璃管壁的弹簧珠珠，即可取出滤器。

上下壶都要用水冲洗，更要以牙刷去除滤布上的渣渣，滤器清洗干净后，最好放进有净水的杯内，盖上杯盖，放入冰箱，这样滤布就不会发臭。滤布是消耗品，即使每次使用后都清洗得很干净，也会因堆积过多油垢而发生阻塞，导致上壶咖啡液回流到下壶的速度变慢，此时就要换滤布了。

滤布有两面，一为绒毛面，另一为粗布面，更换滤器时，将滤器安置在绒毛的一面，即可拉起缝边预留的细线，完全包住滤器，打个结，大功告成。但请记得换上新滤布的滤器，使用前务必先用热水煮过，去除杂质与异味，再以过期豆试泡一杯咖啡，让黑咖啡再清除一次滤布的异味，这杯咖啡不要喝，倒掉即可。

过滤虚幻神话，参数为准

赛风是中国台湾地区历史最悠久的泡煮法，难免衍生出许多门户之见与似是而非的泡煮神话，这在世上绝无仅有，连日本赛风师傅看到中国台湾地区的泡煮噱头与奇招怪式，亦叹为观止。

闻香派与熬煮大师

中国台湾地区的赛风煮法，无奇不有，堪称世界之最，连日本亦难望其项背。一般人泡赛风会以时间为念，40～60 秒关火，但有些奇人异士，宣称不需看时间，全靠粉层与香气的变化，来决定火力大小与关火时机。但是笔者喝过几位闻香派熬煮大师所泡赛风，一入口就有不舒服的咬喉与麻麻口感，显然是萃取过度，萃出率超出 22%

的碍口味谱，居然可把咖啡熬成中药。

交换意见后才得知，原来他们是以低得离谱的泡煮比例，10 克粉要泡出 200 多毫升黑咖啡，因此火力特强，而且上壶还要加盖闷煮，极尽所能榨取咖啡所有可溶成分，还不时打开盖子闻香，架势十足，相当唬人，可惜泡出来的咖啡实在不敢恭维，让人无福消受，谁叫笔者不是“老烟枪”，无法欣赏熬煮大师的杰作。笔者也发觉熬煮大师多半是老一代赛风咖啡馆的师傅，客层几乎都是嗜浓的“老烟枪”，这种熬煮法是可以理解的。

咖啡熟豆约有 30% 的水溶性成分，相信熬煮大师至少把 25% 的水溶物榨取出来，也就是咖啡不易溶出的高分子量苦涩成分，几乎全被熬煮出来，难怪那么浓苦咬喉。

精品豆怎堪暴力熬煮

熬煮大师的闻香功非常浪漫，令人神迷，咖啡的千香万味中，酸味、焦糖味、硫醇味、谷物味、辛香味、木质味和青草味……可用鼻子闻到。

但是有些滋味与口感不具挥发性，比方说苦味、咸味和涩感，用鼻子是闻不到的，真不知闻香派的熬煮大师如何判定苦涩物熬出来了没。难怪一入口，满嘴咸苦涩与咬喉感，味蕾饱受虐待，活到老学到老，世界真奇妙。

其实味谱细腻的精品咖啡，所含的香酯与香醛怎堪如此暴力熬炖，不知怜香惜玉，肯定“破味”，喝来与低级商业豆无异。如果要在萃取不足与萃取过度的两杯咖啡中选一杯，笔者宁可背负“浪费咖啡”的骂名，选择萃取不足的一杯。因为粉量加太多的萃取不足，总比粉量给太少的黑心咖啡来得醇厚、滑顺、好喝。想想看10克粉要熬煮出200多毫升黑咖啡，钱真是好赚！

究竟该如何泡煮赛风，端视豆子的条件与烘焙度而定，一般来说，条件越佳的豆子，容忍犯错的空间越大，也就越容易泡出好咖啡。相反，豆子条件太差，压缩参数的空间，就越不易泡出美味咖啡。熬煮大师的闻香功为赛风增添不少浪漫话题，但泡咖啡最好要有科学根据以及可供复制的参数，就好比烘焙咖啡一样，如果没有炉温与时间的参数，靠第六感是不容易烘出好咖啡的。

建议读者不妨多用几种参数来泡煮同一款豆子，切勿使用同一参数来泡各种豆子，以免咖啡被玩窄或被玩死了，多尝试各种参数，有助于体验咖啡千面女郎般的妩媚与善变，不同参数造就不同味谱与口感，增加泡咖啡乐趣，接下来就来认识泡煮赛风的各项参数吧。

小飞鹰刻度实用参数

#4（适合淡雅口味与深焙豆）

#3.5（适合一般口味或浅焙、中焙、中深焙、深焙豆）

#3（口味稍重，适合浅焙、中焙豆，但中深焙、深焙豆不宜）

#2.5（重口味，适合中焙豆，但浅焙与深焙豆不宜）

＊烘焙度越深越不宜细研磨，浅焙豆亦不宜磨太细以免尖酸。

一般来说，赛风咖啡所需的粗细度与手冲差不多，但赛风最终泡煮水温，会在 90℃～95℃的高温区间，比手冲高出 10℃左右，因此淡口味者的刻度，可比手冲稍粗 0.5 度，但一般口味或重口味者就不需调粗刻度来泡赛风，按照手冲的刻度即可。

小飞鹰刻度 #4 适合口味较清淡者使用，也可用来泡煮深焙豆，可抑制焦苦味。有些玩家喜欢延长泡煮时间达 2 分钟以上，若以较粗的刻度来泡，会比细刻度来得顺口，杂苦味较低，也就是说，要延长萃取时间，最好配上粗研磨，若要缩短萃取时间，就要配合细研磨。

从刻度 #4，调细 0.5 度至 #3.5 是泡煮赛风最安全的粗细度，适合各种烘焙度。再细 0.5 度至 #3，也有很多人用，但咖啡浓度较高，相对的苦味与酸味也较重，深焙豆最好不要用。

刻度再调细 0.5 度至 #2.5，采用的人不多，不过仍有些玩家以较细的 #2.5 来泡，但会减少 10 秒的萃取时间，以免苦涩太重。原则上，刻度越细，越不宜泡煮深焙豆与浅焙豆，以免太焦苦或太酸涩。

认识赛风的泡煮比例参数

泡煮比例实用参数

· 重口味　1∶13～1∶12

3 人份以 30 克粉对 360～390 毫升萃取水量。此比例约可萃出 300 毫升黑咖啡，即我们惯称的 1∶10。

单人份可采 15 克粉对 180～200 毫升水量，亦为 1∶13～1∶12。约可萃出 150 毫升咖啡，等同我们惯称的 1∶10。

· 适中口味　1∶14

30 克粉对 420 毫升水量。此比例约可萃出 360 毫升黑咖啡，即我们惯称的 1∶12。

· 淡口味　1：15

30 克粉对 450 毫升水量。此比例约可萃出 390 毫升黑咖啡，即我们惯称的 1：13。

咖啡泡煮比例，我们习惯以咖啡豆重量比萃取后的黑咖啡毫升量，手冲这么做比较方便，无可厚非，因为手冲壶是金属材质，亦无刻度，不易得知萃取水量，而且手冲壶如果只加入所需的两三百毫升热水量，不及手壶容量的一半，会大幅失温，因此一般人都会加到手壶的半载水量，很难精确掌握到底用掉多少萃取水量，所以手冲的泡煮比例都是以泡完后，底壶的黑咖啡为准，此乃情非得已。但手冲只需在最后的泡煮比例，加上 2.5 的参数，即可和国际金杯准则接轨。

然而，赛风壶是玻璃材质，加入下壶的萃取用水，看得一清二楚，事先容易调控，因此赛风壶设计初衷的泡煮比例，是以咖啡豆重量与萃取前的生水毫升量对比，这与欧美金杯准则对比标的物相同。但实务上为了省时间、省燃料，一般人会以热水入下壶，稍加热即可泡煮赛风。因此，赛风的泡煮比例会比手冲更接近金杯准则的泡煮比例，赛风如果以热水为对比物，严格来说，需再增加 4% 的水量，才等于金杯准则采用的生冷水，因为热水会比生冷水轻约 4%。如果你习惯以生冷水来煮赛风，那就不必追加 4% 的水量。

如果想体验金杯准则的泡煮比例，赛风是个好选择，你会发觉赛风的泡煮比例，确实比四大金杯系统高了很多(金杯系统是以美式滴滤壶为标准制定的)。

金杯准则最推崇 1∶18.5 ～ 1∶16.5 的泡煮比例，但赛风很少有人用这么低的比例。难怪欧美很多专家批评赛风的泡煮比例达 1∶13 ～ 1∶12，高于金杯准则的规范，有浪费咖啡之嫌，粉量太多，造成萃取不足，致使过多的滋味物残留在咖啡渣里。然而，以偏多的粉量营造偏高浓度，恰好弥补萃取的不足，不就是赛风咖啡醇厚迷人的特质来源？

日本赛风壶的设计初衷，考虑到每克咖啡粉会吸水 2 ～ 3 毫升，因此单人份以 10 克粉对上 120 毫升或 130 毫升萃取水量，泡煮后会有 20 ～ 30 毫升热水被咖啡渣吸走，下壶约有 100 毫升黑咖啡；两人份以 20 克粉对上 240 毫升或 260 毫升水量，泡煮后下壶约有 200 毫升咖啡；三人份以 30 克粉对上 360 毫升或 390 毫升水量，泡煮后下壶约有 300 毫升咖啡。

这就是为何日式赛风壶的每人份水量刻度有 120 毫升增幅和 130 毫升增幅两种规格。很多赛风迷玩了大半辈子咖啡，还不清楚赛风壶有两种水量规格。

请先以量杯检测你家赛风壶是 120 毫升还是 130 毫升增幅的规格。笔者使用了二十多载的 Hario 赛风壶属于前者，而台制的亚美赛风壶则为后者。有趣的是，日式手冲的底壶水量刻度也有 120 毫升和 130 毫升增幅两种规格，显见日式手冲底壶的水量刻度，亦沿袭赛风老哥的规格，这可能是因为赛风历史较早，手冲萧规曹随。

比较赛风与手冲泡煮比例的差异

但请注意，赛风下壶的水量刻度与手冲底壶的水量刻度，虽然同为 120 毫升或 130 毫升增幅的规格，但意义完全不同。赛风设计初衷的下壶毫升量，是以泡煮前的冷热水为衡量基准的，而手冲底壶的毫升量则是以泡煮后流入底壶的黑咖啡为准的，两者差异很大，因为每克咖啡粉泡煮时会吸收 2 毫升的热水，而手冲的泡煮比例是以咖啡粉对底壶的黑咖啡为准的，因此只要还原吸附在滤纸咖啡渣里的水量，加上底壶的黑咖啡，即等于手冲耗掉几毫升的热水。换言之，手冲的泡煮比例下降 2 个参数，即等同于赛风的泡煮比例，两者存有一个稳定的参数。譬如，手冲 1∶10 的泡煮比例（咖啡粉重量对黑咖啡毫升量)，约等于赛风 1∶12 的比例（咖啡粉重量对热水毫升量)，而手冲 1∶12 的泡煮比例，大约是赛风 1∶14 的泡煮比例。

另外，赛风泡煮比例又与金杯准则有一定关系，如果赛风是用咖啡粉重量与生冷水毫升量为对比物，那么两者的泡煮比例相同，但是常人泡赛风习惯以热水为对比物，而 90℃热水比 20℃生冷水的密度与重量短少 4%，因此赛风下壶的热水量需追加 4%，即等同金杯准则的泡煮比例。如果你惯用生冷水泡赛风，那么两者的泡煮比例就完全相同。

有趣的是，手冲泡煮比例也与金杯准则存有稳定关系，这也和每克咖啡粉吸水 2～3 毫升，以及热水比生冷水轻 4% 有关联。简单来说，手冲的泡煮比例约比金杯准则“虚胖”2.5 个参数。请参考表 10-1，即可明了手冲、赛风与金杯准则泡煮比例的微妙关系。

由表 10-1 可清楚看出，手冲、赛风以及金杯准则的泡煮比例存有稳定的关系，是因为每克咖啡粉吸水 2～3 毫升，以及生冷水重量与密度高出热水 4%。

1∶12 或 1∶13 是赛风壶设计之初的最高浓度泡煮比例，亦高于国际四大金杯准则系统的浓度上限，也就是挪威咖啡协会的 1∶13.6，一般人不易适应，笔者通过教学经验发觉，我们较能接受的赛风泡煮比例为1：14.5～1：14，初学者尤然，这恰好位于挪威咖啡协会金杯泡煮比例1：18.86～1：13.6的区间内。赛风的咖啡粉重量对热水毫升量的比例，如果高于1：13.5，大部分的初学者会觉得太浓了，但常喝咖啡的人或重口味者，较能接受1：13～1：12的泡煮比例，也就是赛风最高浓度的比例。

我们泡赛风单人份时，不会那么小气只泡100毫升，一杯黑咖啡要有150～200毫升，萃取水量会在180～230毫升，咖啡粉重量在12～18克。不管几人份，都可依照个人口味浓淡，来调整咖啡粉重量与萃取用水毫升量的比例。重口味可采用1：13～1：12比例；一般口味可用1：14比例；淡雅口味，泡煮比例可降低到1：15。不论浓淡偏好，均可在1：15～1：12的泡煮比例区间找到归宿。

认识赛风的搅拌次数

搅拌次数实用参数

· 二拌法：浓度适中，味谱干净明亮，适合一般口味

· 三拌法：浓度较高，味谱较厚实低沉，适合重口味

· 不停搅拌：提高浓稠度与香气，但杂味剧升、易咬喉，适合“老烟枪”

表 10-1 手冲、赛风与金杯准则比例对照表

手冲泡煮比例 咖啡粉重量：黑咖啡毫升量	赛风泡煮比例 咖啡粉重量：热水毫升量	金杯准则比例 咖啡粉重量：生冷水毫升量
20 克：200 毫升 1：10	20 克：240 毫升 1：12	20 克：249.6 毫升 1：12.48
20 克：220 毫升 1：11	20 克：260 毫升 1：13	20 克：270.4 毫升 1：13.52
20 克：240 毫升 1：12	20 克：280 毫升 1：14	20 克：291.2 毫升 1：14.56
20 克：260 毫升 1：13	20 克：300 毫升 1：15	20 克：312 毫升 1：15.6
30 克：300 毫升 1：10	30 克：360 毫升 1：12	30 克：374.4 毫升 1：12.48
30 克：330 毫升 1：11	30 克：390 毫升 1：13	30 克：405.6 毫升 1：13.52
30 克：360 毫升 1：12	30 克：420 毫升 1：14	30 克：436.8 毫升 1：14.56
30 克：390 毫升 1：13	30 克：450 毫升 1：15	30 克：468 毫升 1：15.6

*每克咖啡粉吸收 2～3 毫升水量，如以 2 毫升为准，只需还原吸附在滤纸内的水量（2 毫升 × 咖啡粉重量），加上底壶的黑咖啡即等于手冲实际耗用的热水量，约等于赛风的泡煮比例。因此，咖啡粉对黑咖啡的手冲泡煮比例，会比咖啡粉对热水的赛风泡煮比例高出 2 个参数。

* 90℃以上的热水重量，会比相同体积的生冷水轻 4% 左右，因此，赛风的热水量追加 4%，约等于金杯准则以生冷水为准的泡煮比例。

*手冲泡煮比例约比金杯准则高出 2.5 个参数，如果手冲泡煮比例为 1：10，即可推估金杯准则的泡煮比例约为 1：12.5。

搅拌对赛风味谱的影响力虽不如水温、刻度和泡煮时间来得大，但仍不可等闲视之，长时间的搅拌会拉升萃出率与浓度，但搅拌太轻则会抑制萃出率与浓度。

简单来说，搅拌力道越大，持续时间越久，越易拉高萃出率、胶质感、香气与杂苦味；相反，搅拌力道越小，持续时间越短，甚至不搅拌，容易萃取不均匀或萃取不足，也就是抑制咖啡粉萃出率，致使过多芳香物残留在咖啡渣内，无法萃取出来，咖啡风味太稀薄，如同软骨症。

画圈法最有效

中国台湾地区赛风玩家的搅拌法，奇门怪式一箩筐，连日本人也啧啧称奇，其中有两个极端值得一提。一为持续搅拌 50 ～ 60 秒，如同打蛋，这样会不正常拉升萃出率至 22%～25%，把高分子量的苦咸涩和杂味成分，悉数萃取出来，虽然胶质感也出来了，却容易麻嘴咬喉，一般人难入口。

另一个是矫枉过正，干脆不搅拌，轻拨几下就好，这样会萃取不均，致使萃出率低于 18%，口感稀薄如水，也容易产生萃取不足的尖酸味。这两个极端都不会有好效果，执两用中，才是王道。

台式搅拌法花招不少，有下压法、井字法、8字法、画圈法、混合式，令人眼花缭乱。最简单有效的还是画圈法，这样所产生的漩涡最容易让咖啡粉上下迅速均匀混合，日本冠军赛风师傅就是使用画圈法，实没必要再搞些花拳绣腿的搅拌美技。

好豆不怕搅，烂豆最怕搅

有些人泡赛风很怕用力搅拌，唯恐搅出苦涩，这并不正确，如果因为搅拌几下咖啡就有杂苦味，问题则出在豆子的烘焙条件太差、水温太高或泡煮太久。

就中度烘焙而言，萃取水温保持在88℃～93℃，烘焙技术不差的咖啡，均经得住3～10秒的正规搅拌，如果只拌5秒钟，咖啡就苦涩或出现咬喉的杂味，那恐怕要怪水温太高或烘焙技术太差，好豆子不要怕搅拌，烂豆才经不起搅拌考验。

认识赛风的萃取时间参数

萃取时间实用参数

· 40～50 秒：浅中焙口味淡雅，亦可抑制深焙豆的焦苦

· 50～60 秒：浓淡适中，适合浅焙、中焙与中深焙

· 60 秒以上：浓度、黏稠度、香气与杂苦味升高，适合重口味老烟枪

赛风的泡煮时间在 40～60 秒，端视口味浓淡与烘焙度而定，烘焙度较深或口味较淡者可煮 40～50 秒；烘焙度较浅或口味较重者可煮 50～60 秒。日本赛风大赛规定选手需在 60 秒内完成泡煮，可见正派煮法亦以 60 秒为限，但磨粉越细，需斟酌缩短泡煮时间。

但有一票重口味赛风族，喜欢煮到 70～80 秒，甚至熬煮 5 分钟以上者亦有之。一般人可能无法适应熬中药似的煮法，萃出率已超出 25%，香气虽然转强了，但杂苦味与咬喉感也会被煮出来，不过，嗜浓族或“老烟枪”独沽此味，真可谓人有百款，你认为是中药，却有人视同琼浆玉液。

认识赛风的水温参数

水温实用参数

· 高温泡煮 / 下壶以热水加热：88℃～94℃，适合浅焙至中焙豆。

a. 上壶直插：泡煮水温在 88℃～94℃。

b. 上壶先斜插后直插：泡煮水温在 90℃～95℃。

c. 若以高温泡煮深焙豆，可在上壶斟酌加点冷水以免太焦苦。

*高温泡煮的最后萃取水温最好不要超出 94℃，可抑制杂苦味。

· 低温泡煮 / 下壶以生冷水加热：86℃～92℃，适合中深焙至重焙豆。

a. 上壶直插：水温在 82℃～90℃。

b. 上壶先斜插后直插：水温在 84℃～92℃。

*低温泡煮的最后萃取水温最好不要超出 92℃。

99% 的赛风族只测时间不量水温，然而，越被大家忽略的小细节，越易暗藏魔鬼，成为影响味谱最关键的无影手。赛风老师傅不量水温，只靠着经验来选择适当的萃取水温，这无可厚非，手法包括冷水或热水入下壶，上壶先斜插再扶正，或直接插入下壶，这四种手法确实可营造不同的萃取水温。

冷水入下壶，营造低温萃取环境

赛风的下壶以热开水加热，有助于营造70%的泡煮时间在90℃以上的高温萃取环境；若下壶以生冷水加热，有助于营造50%的泡煮时间在90℃以下的低温萃取环境。一般店家为了节省时间与瓦斯，多半以热开水入下壶加热，但细节控玩家则视烘焙度或豆性来决定用生水或热水。

原则上，深烘重焙豆或密度较低，容易拉升萃出率的豆子，宜以低温萃取，也就是下壶以生冷水加热，会有较优的味谱。浅中焙豆或密度较高，不易拉升萃出率的豆子，宜以高温萃取，即下壶以热开水加热，味谱较迷人。

经过多次测温结果，下壶加入生冷水，上壶插入后再加热的萃取水温，会比下壶以热水加热的萃取水温低2℃～5℃。因为生冷水在密闭的下壶加热时间较长，不断增压，50℃不到就会有温水陆续扬升到上壶，因此上壶水温升到80℃左右，下壶水几乎全部升入上壶，所以可用稍高于80℃的较低温泡咖啡。如果适时将火力控制在中小火，很容易咬住85℃～92℃的低温萃取区间，泡煮深烘重焙豆较不易出现萃取过度的焦苦味谱。

但请注意，如果火力太大，水温会很快飙升到92℃以上，前功尽弃；但火力太小，上壶咖啡液会回流下壶。因此想以低温泡煮深焙豆，火力掌控很重要。

热水入下壶，营造高温萃取环境

如果以90℃以上的热开水入下壶，开火加热，不消十多秒，热水就会升入上壶，最好调整火力为中小火，此种做法很容易将萃取水温锁在90℃～94℃，水温明显高于生冷水加热，切忌使用中大火，以免水温飙到94℃以上，容易萃取出高分子量的苦涩物。

一般来说，下壶以热水加热，火力控制得宜，最后的萃取水温会比下壶以冷水加热，高出2℃～5℃。

直插创设较低水温

直插或斜插上壶，也会影响萃取水温。下壶开火加热，上壶直接插入，先行密封上下壶，下壶压力急剧上升，助使热水提早升入上壶，因此萃取水温会稍低一点。

但是如果持续以中大火加温，上壶水温会很快飙至95℃，而失去直插法创设较低温的美意，因此火力调控不得不慎。

斜插创设较高水温

如果采用上壶先斜插下壶，露出缺口，供热气排出，持续加温直到弹簧珠冒气泡，也就是等水温稍高一点，再扶正上壶，完封上下壶，此时涌进上壶的萃取水温会比直插法高出2℃～5℃，端视火力大小而定。

世界赛风锦标赛的选手多半采用先斜插再扶正手法，这不难理解，因为每名选手同一时间要泡煮好几壶，因此上壶先下好粉，斜卧下壶，一来可避免热气或热水预浸变量，二来可简化操作手续，等到弹簧珠冒泡，再依序扶正上壶，一壶一壶轮流搅拌即可，这样不容易自乱阵脚。

如果采用直插上壶手法，那么好几壶的水一起上来，还要下粉，会手忙脚乱，不易操作。因此，究竟该用斜插法还是直插法，并无对错问题，视个人习惯与操作需要而定。

不管采用直插或斜插、冷水或热水，都只是雕虫小技，论及效率与精准度，远不如插支温度计，搭配火力调控来得有效与准确。有了温度计辅助火力调控，即可归纳出一套赛风升温曲线，大可睥睨直插或斜插、冷水或热水等事倍功半的技法，唯有科学数据的辅助，才可享受事半功倍的奇效。

进阶版赛风萃取法：温度计辅助火力调控

前面所谈赛风师傅创设理想水温的四种技法，有其一定效果，但问题是不够精准，泡煮过程没有温度计提供量化数值，全靠感觉与经验值来捕捉水温，如同瞎子摸鱼，难窥咖啡萃取的全貌，质量起伏不定。

前文虽已提供相关水温参数，但还是鼓励赛风迷买一支针式数位温度计或 K 型测温线，亲自试泡，并记下萃取水温与味谱间的关系，可从中归纳许多珍贵资料，为传统又老迈的赛风增添新意与乐趣，而老师傅在经验值基础上，若能辅以科学数据，泡煮功力肯定更扎实。

咖啡烘焙玩家，常记录入豆温、回温点、每分钟炉温与温差、一爆二爆炉温与时间，以及出豆时间和最后炉温，可根据这些参数编制咖啡烘焙曲线。

从确定入粉的水温开始

赛风就是个绝佳标的物，笔者的做法很简单，左手调控火力大小，右手将针式数位温度计插入上壶，即可根据萃取水温的高低与升幅，来调整火力，有效将水温控制在理想的区间。据个人经验，水温高低是影响赛风味谱最大的变因，远胜于直插、斜插、冷水、热水、先下粉预浸、后下粉不预浸、搅拌力道等诸多调控戏法。

有了温度计辅助，即可定出浅中焙或深焙豆入粉水温，一般来说，浅中焙豆的入粉水温会比深焙豆高出2℃左右。

选用浅中焙咖啡粉→88℃入粉

有了温度计提供准确的水温读数，就不必理会直插、斜插、冷热水或要不要预浸等争论不休的问题，径自以最简单的方法操作，以30克粉对上390毫升热水，小飞鹰

进阶版
赛风萃取法
步骤

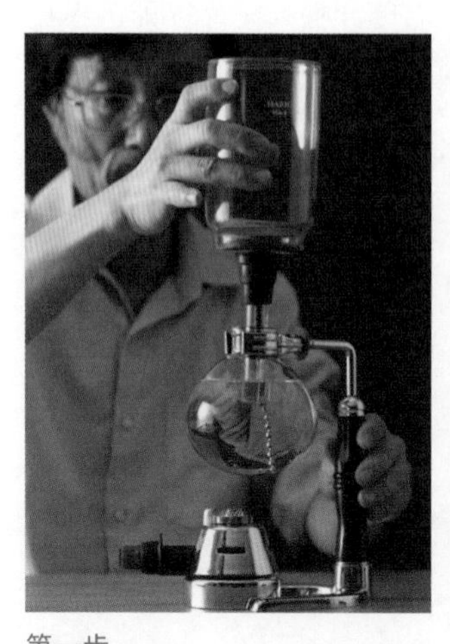

第一步

下壶入热水，上壶直接插进下壶，开火加热。

大火或中火都无妨，等水上来再调整火力。营业用赛风瓦斯炉，会比灌瓦斯的喷灯更易调控火力。

第二步

上壶逐渐渗进温水，水温约 50℃。

加热十几秒后，上壶渗进些许温水，温度计测得约 50℃，随着上壶水量持续增加，升温到 70℃，调整火力为中小火，以免火力过猛，水温扬升过剧而失控。

第三步

下壶水几乎全部涌进上壶，水温为 80℃～85℃，持续以中小火加热。

上壶水温至 80℃时，要注意下壶水瞬间冲上来，一两秒内水温会剧升好几度，盯紧温度计，水温上升到 88℃，是浅中焙豆较佳的下粉水温。

第四步

88℃下粉，水温会掉 4℃～10℃，粉量多寡、火力大小、冬夏季都会有区别。

下粉后，上壶水温会降至 75℃～84℃，视火力与室温而定，而回温点也在此区间，开始升温。此时如果调成中大火，水温很快就升到 94℃以上，拉升萃出率超出 22% 上限，增加不讨好的酸苦涩风味。因此维持在中小火，较容易控制萃出率在 18%～22% 的安全范围内，但要提防因火力太小，上壶咖啡液回流下壶的风险。

第五步

留意上壶的水温升幅，至 60 秒的最后萃取温度控制在 93℃左右最优。

下粉后水温在 80℃左右回温上升，很快升至 88℃，中小火候控制得宜，上壶水温在 60 秒左右升至 93℃上下 0.5℃区间，火力太小可能只升至 91℃～92℃，会有萃取不足之虞。

刻度 #3.5，上壶直接插入下壶，头尾各拌一次为例。浅中焙豆等上壶水温升至 88℃，即可下粉。

选用深焙咖啡粉→ 86℃入粉

但深焙豆炭化较严重，纤维质较松脆，容易拉升萃出率，因此入粉水温要比浅中焙豆稍低，上壶水温 86℃下粉，水温降至 76℃～82℃，并在此区间回温，火力一样以中小火为主。

一般来说，鲜少有人用赛风来泡深焙豆，但采用稍低水温，最终萃取温度不要超出 92℃，可抑制焦苦味，泡出浓稠香醇的好咖啡。操作手法，可参考上述图文。

选用浅中焙咖啡粉→水温请控制在 88℃～ 93℃

浅中焙咖啡下粉后，持续中小火，萃取水温在 75℃～ 80℃回升，再从 88℃缓缓升至 93℃，最好能控制 60 秒的萃取时间有 70% 锁在此水温区间，最后萃取水温最好在 93℃以内，最高不要超出 93.5℃，以免萃出过多的涩苦与咬喉成分。

如果最后萃取温度能控制在 92.5℃～ 93℃，即使泡煮

70～80 秒，只要豆子条件够好，也不会产生碍口的味谱，甚至能泡出浓稠、有胶质感的醇厚咖啡。

选用深焙咖啡粉→水温请控制在 86℃～92℃

深焙咖啡的下粉温稍低，如果以中小火为之，萃取温度会从 86℃缓升至 92℃，最好能控制 60 秒的萃取时间有 70% 锁在此间，最后萃取水温最好在 92℃以内，以免萃出焦苦味。

高温快煮 VS 低温慢煮

煮赛风有点像烘豆子，也有高温快煮与低温慢煮两种，相当有趣。原则上，下粉温度越低，火力越小，萃取温度越低，越有低温慢煮、延长萃取时间的本钱，反之，则越有高温快煮、缩短萃取时间的机会。至于慢煮和快煮哪种好喝，这就难说了，要视豆子条件而定。

低温慢煮要小心火力过小，上壶咖啡液有回流下壶之虞。浅中焙豆子，采用上述 88℃下粉，中小火为之，最后萃取温度控制在 93℃以内，即使延长到 70 秒，也不致有太大问题。

倒是高温快煮值得一试，下粉水温要提高到94℃，下粉后调为中小火或中火，萃取温度很容易锁在91℃～95℃，但切记泡煮时间要缩短10～20秒，大概煮45秒，就要关火下壶，以免萃出率拉升到22%以上。并非各款豆子皆适合高温快煮，有些豆子的快煮味谱不输上述的正常萃取，有些则容易出现苦味与咬喉感。个人经验还是以正常萃取水温区间88℃～93℃，泡煮60秒最为稳定，最容易泡出香醇咖啡。

控制煮赛风的火力是调控味谱最有效率的方法，有了数位温度计，有助于找出影响味谱的魔鬼与好神，亲近真理，远离神话。只要善加运用温度计与火力调控这两大利器，即可笑看诸多华而不实的玄学。

后浓缩咖啡时代：聪明滤杯盛行

早在 2006 年，艾贝魔力壶已在中国台湾地区申请专利，没错，就是常在购物频道出现的魔力茶壶，但加上一张滤纸就可用来泡咖啡。

有趣的是，聪明滤杯在国外声名大噪，精品咖啡界争相推荐与讨论，但在中国台湾地区却乏人问津，很多人误以为是“俗又有力”的泡茶器具，不相信我们可能发明这么有创意的咖啡滤杯。无怪乎聪明滤杯的包装盒印满英文，看来像是舶来品，显然是外国月亮比较圆的心态作祟，可喜乎，可悲乎！

不过，自从有了聪明滤杯后，笔者就很少再使用法式滤压壶，因为滤杯泡出的咖啡很干净，收拾善后更方便，只需丢掉滤纸，再冲洗滤杯即可。然而因为聪明滤杯是离

聪明滤杯轻松泡煮步骤

聪明滤杯的最大创意是杯底有个活塞，滤杯内的咖啡粉加入热水浸泡时，重力会自动压下活塞，使溶液无法流出，浸泡时间到了，再把滤杯靠在咖啡杯上，滤杯底下的活塞就被推开，黑咖啡立即流入杯子，确实聪明好用。最适合爱喝咖啡又怕麻烦的咖啡族。

第一步

以 100 ～ 200 毫升热水润湿滤纸，并冲掉滤纸的杂质。

第二步

将滤杯放在杯缘上，流掉有异味的水。

第三步
将咖啡粉倒入滤杯，加入热水后记得要搅拌几下，让粉与水充分融合。

第四步
搅拌后最好加上盖子有利于锁温。

第五步
取下盖子，搅拌几下，再靠上咖啡杯，萃取完成。

开火源以热水浸泡咖啡，萃取效率比赛风与手冲稍低一点，因此粉量不妨多加点，也就是以较高的泡煮比例，很容易泡出醇厚甜美的好咖啡。

操作聪明滤杯的三大要点

聪明滤杯虽然便捷，但仍然有一些要点需要注意，更容易善用其优势，泡煮出美味的咖啡。

要点 1：润湿滤纸

聪明滤杯较大，需使用 5～7 人份的 103 号滤纸，才可铺满杯壁，热水最多可加到 500 毫升，但要小心咖啡粉隆起溢出，滤杯最大量泡出 420 毫升黑咖啡不成问题，但一个人泡 300 毫升就够喝了。

滤纸入滤杯后，记得先用 100～200 毫升热水润湿并冲掉滤纸的杂质，跟手冲一样，以免喝到纸味或荧光剂。然后将滤杯放在杯缘上，流掉有异味的水后，取下滤杯放在桌上。

要点 2：浸泡搅拌

将磨好的咖啡粉倒入滤杯，粗细度为小飞鹰刻度 #2.5 ～ #3.5，加入热水，水温为 88℃～ 92℃。建议咖啡粉与热水比例在 1∶14.5 ～ 1∶12，泡煮比例不要太低，以免太清淡。

加入热水后记得要搅拌几下，让粉与水充分融合，就像赛风一般，以利萃取。但小心别弄破滤纸，以免泡出污浊的咖啡。

要点 3：加盖计时靠上杯

滤杯口径很宽，容易失温，搅拌后最好加上盖子以便锁温，冬天尤然。至于要浸泡多久，要看烘焙度与粗细度，以刻度 #3 的中度烘焙豆为例，要浸泡 3 分钟，时间到，取下盖子，搅拌几下，再靠上咖啡杯，流完咖啡液还要花将近 1 分钟，整个萃取时间接近 4 分钟。

如果怕失温太多，可磨细一点至 #2.5，可少浸泡一分钟。如果是进入二爆的深焙豆，浸泡时间可斟酌减少。

聪明滤杯虽然很傻瓜，但只要控制好泡煮比例与水温，质量不输手冲与赛风，堪称“台湾之光”，欧美咖啡迷为之疯狂，并不令人意外。

美式咖啡机的省思

手冲或赛风族，向来不屑使用美式滴滤咖啡机，自认手工胜插电，此乃咖啡玩家惯有的偏见与傲慢，如果各位肯纡尊降贵，试试几款有信誉的美式咖啡机，诸如 BUNN、Tenchnivorn、Bravilor Bonamat 等大品牌，保证让你惶恐不安。为何美式咖啡机以咖啡粉对生水 1∶20～1∶16 这么低的泡煮比例（星巴克约为 1∶18），也能泡煮出有千香万味的醇厚甜美的好咖啡？反观手冲或赛风，若以如此低的泡煮比例，肯定稀薄如水被讦谯，非得以 1∶16.5～1∶12.5（台式咖啡粉对黑咖啡 1∶14～1∶10），才能泡出够味的咖啡，为何如此？

这与萃取效率有关，电动滴滤壶能够很均匀地萃取咖啡芳香物，手冲和赛风却容易萃取不均，效率较差，非得以高剂量的咖啡粉，拉高浓度来弥补萃取的不均与不足。换言之，电动滴滤壶的高效率可为店家节省可观的耗豆成本，但问题是一般快餐店常以劣质豆来泡，而且泡好的咖啡常久置于保温壶半小时以上，早已香消味殒，出现酱味与苦涩，难怪美式咖啡机口碑不佳。

我们向来睥视美式咖啡机，但欧美却很重视，挪威咖啡协会首开风气之先，于 1971 年设立欧洲咖啡泡煮研究中心（ECBC），主导电动滴滤咖啡机的质量认证工作，举凡咖啡机的萃取水温、时间、泡煮比例、研磨度以及咖啡粉的萃出率与黑咖啡的浓度，均有严格规范，所泡出的咖啡质量符合标准，咖啡机才可获颁该协会的合格标章，以下是 ECBC 对美式滴滤咖啡机的认证要项：

粗研磨，萃取时间为 6～8 分钟。

细研磨，萃取时间为 4～6 分钟。

极细研磨，萃取时间为 1～4 分钟。

滤纸中心的咖啡粉层水温，至少 90% 的萃取时间须保持在 92℃～96℃。

咖啡粉萃出率为 18%～22%。

黑咖啡浓度为 1.3%～1.55%（13,000～15,500ppm）。

ECBC 以“咖啡警察”自居，且各项研究成果深受厂商信任。挪威是全球对滴滤式咖啡机要求最严格的国家，消费者很容易买到优质咖啡机，轻松泡出美味咖啡，从而提高咖啡消费量。至今挪威平均每人每年要喝掉 9～11 千克咖啡，挪威是世界咖啡消费量最高的国家，也是推广金杯准则最有力的国家。2000 年后，SCAA 见贤思齐，引进 ECBC 的美式咖啡机认证制度，借此提升美式咖啡的质量。

美式咖啡机胜赛风与手冲

依个人经验，大品牌的美式咖啡机现煮现喝，诠释精品咖啡的味谱与地域之味，较手冲或赛风有过之而无不及。更重要的是，可享受较低的泡煮比例。不管你要泡 1 杯、2 杯或 10 杯，有认证的美式咖啡机，按粉对水的比例 1∶18～1∶16，就能泡出香醇咖啡。若是手冲或赛风以相同比例，往往只能泡出水味很重的淡咖啡。而且美式咖啡机 6～8 分钟就能泡出 1,000～2,000 毫升质量如一的好咖啡，如果换作赛风或手冲，一般人手忙脚乱 10 分钟，恐怕还泡不出 1,000 毫升质量如一的好咖啡。因此，就咖啡的萃取效率与稳定度而言，美式咖啡机远胜手工咖啡。

并非要揶揄慢工出细活的手工咖啡，笔者自己每天也要手冲、赛风好几回，享受怡情养性又浪漫的氛围，只是想提醒众玩家，今后不妨以更科学、更包容的态度来玩咖啡，把过去瞧不起的美式咖啡机拿出来研究，会对咖啡的泡煮比例与水温有更深入的理解。毕竟欧美金杯准则就是靠美式滴滤咖啡机制定出来的。

全书总结

本套书旨在阐述美国第三波咖啡美学与影响力，并详述产地最新信息。读者不难发现第三波元素若隐若现，穿插于各章节中，正如同全球咖啡时尚不知不觉中接受第三波狂潮洗礼，逐渐改变你我喝咖啡的品味与玩咖啡的态度。

美国民众的咖啡品味，经过三大波长达 60 年的进化，果真提升了吗？高傲自恃的意大利人又如何评论第三波？另外，既然精品咖啡进化论有第一波、第二波、第三波，那么应该有第四波吧？

笔者在为本套书画下句号前，先为读者解答上述问题，从是否有第四波谈起。

2002 年 12 月，挪威奥斯陆颇负盛名的摩卡咖啡烘焙坊（Mocha Coffee Roaster）女烘焙师翠西·萝丝格（Trish Rothgeb）发表《挪威与咖啡第三波》（*Norway and Coffee's Third Wave*）论述时，精品咖啡第二波的深烘重焙与拿铁时尚已是强弩之末，继之而起的是强调浅中焙、地域之味、滤泡式黑咖啡与萃取参数的第三波，如滚滚洪流，席卷全球。

第三波咖啡美学旨在宣扬生产国细腻的地域之味，并有容乃大，纳入具有亚洲情趣的手冲与赛风，以浅焙、中焙或中深焙，诠释各庄园精致味谱。可以这么说，2000 年后，传统滤泡式黑咖啡当道，精品咖啡进入“后浓缩咖啡时代”。Espresso 拥护者逐年流失，转向较为淡雅、层次分明的滤泡黑咖啡，乃不争事实。

然而，切勿以为浓缩咖啡就此被打趴了。欧美浓缩咖啡机制造商几经沉潜，于 2009 年首推划时代的调压式浓缩咖啡机，令第三波玩家雀跃不已，甚至预言，第四波精品咖啡革命正在酝酿中。

2009年春季，西雅图浓缩咖啡机公司（Seattle Espresso Machine Corporation）老板艾瑞克·柏坎德（Erik Perkunder）推出造价18,000美元起跳的杀手级浓缩咖啡机Slayer，震惊业界。该机最大特色是冲煮头皆有压力调节阀，可在萃取瞬间任意调控压力，进而改变萃取时间与浓度，这无疑打破了半个世纪以来，浓缩咖啡机以8～9个标准大气压的固定压力，萃取20～30秒的理论。

业界部分人士甚至宣称Slayer扣动精品咖啡第四波的扳机。意大利老牌浓缩咖啡机制造商La Mazocco，亦不让Slayer独占鳌头，同年秋季也推出可调控压力的新款浓缩咖啡机Strada MP，互别苗头。虽然意大利的Strada比美国的Slayer晚了半年上市，但La Mazocco强调此举并非跟风，早在几年前就开始研究无段式可调压浓缩咖啡机。这两款划时代的浓缩咖啡机，能否带动Espresso另一波新流行，万众翘首。

Slayer的研发经过，值得一提，它的前身就是知名的Synesso。2004年，西雅图浓缩咖啡机公司老板柏坎德与工程师丹·乌维勒（Dan Urwiler）联手开发出每个冲煮头水温可调控的浓缩咖啡机Synesso，大受第三波业者欢迎，既然水温调控不成问题，2007 年两人又动手设计升级版的 Synesso，除了冲煮头的水温可调控，还加上压力亦可瞬间调整的新功能，也就是今日的杀手机 Slayer。

其实，Slayer 与 Strada 这两款可调压浓缩咖啡机的灵感，来自意大利早期的压杆式浓缩咖啡机原理，先以低压预浸，再压下握杆，逐渐增加萃取压力，如此萃出的咖啡更甜美圆润，令很多玩家怀念至今。

但是，经典的压杆式浓缩咖啡机，费力又耗时，逐渐被淘汰，商用浓缩咖啡机为了提高效率，半个世纪以来，全改为泵增压，固定在 8 ～ 9 个标准大气压，却无法在萃取瞬间变换压力。令人玩味的是，就在手冲与赛风成为第三波新宠，浓缩咖啡退烧之际，欧美几乎同时推出调压式浓缩咖啡机 Slayer 和 Strada，主打瞬间变压的特殊功能，试图挽回浓缩咖啡江河日下的颓势。笔者不禁要怀疑手冲与赛风大流行，可能是浓缩咖啡机提升的最大动力。

浅中焙专用浓缩咖啡机

柏坎德坚信，压力曲线（pressure profiling）的调整功能，让浓缩咖啡机有了新生命，此功能可配合不同产地的味谱、处理法、海拔和烘焙度，给予不同的萃取压力，较容易捉住单品浓缩咖啡的“蜜点”。比如，先以1～3个标准大气压预浸20秒，再加压到9个标准大气压，等咖啡液由深色转淡，再减压至3个标准大气压收尾，萃取30～45毫升浓缩咖啡要花上50多秒，而非过去不得超出30秒的做法，完全颠覆半个世纪以来，浓缩咖啡机的萃取理论。

上述以低压先预浸，再升压萃取，最后降压收尾的三段萃取模式，可增加咖啡的明亮度与酸香；若改以直接高压萃取，最后低压收尾的两段式，可提高咖啡的黏稠度；若以低压（2～3个标准大气压）一段式萃取到底，亦可泡出近似手冲或赛风的多层次味谱。

更厉害的是，调压与控温相互运用，可组合出更多萃取模式，味谱诠释的范围更广。比如，浅中焙的庄园豆如以传统浓缩咖啡机91℃～92.5℃萃取，会很酸麻碍口，但有了可瞬间调整压力与温度的革命机种，即可升温到97℃，并以较低压2～3个标准大气压预浸，将浅中焙的尖酸味，驯化为柔酸与清甜，换言之，浅焙庄园咖啡以后也可用浓缩咖啡来诠释。难怪柏坎德宣称，他的Slayer打破了传统浓缩咖啡机以9个标准大气压与92.5℃萃取的限制，使得浅焙浓缩咖啡更为可口，若说Slayer是庄园豆专用浓缩咖啡机并不为过。

咖啡师可根据豆性或烘焙度，以不同的压力和温度模式萃取出截然不同的味谱，是最大优势，相对地，这也增加萃取的变量与难度，咖啡师的手艺更为重要，除了基本萃取技巧，还需熟稔各种压力与温度模式对风味的影响，如同烘焙师了解烘焙曲线一样。

福祸难断，争议迭起

虽然 Slayer 与 Strada 的制造商信心满满，但专家试用后，评语呈两极化。美国知名 Espresso 大师，同时也是《浓缩咖啡专业技术》(*Espresso Coffee: Professional Techniques, 1996*) 一书的作者大卫·绍默 (David Schomer)，测试了几小时后，撰文抨击调压式浓缩咖啡机对改进 Espresso 质量毫无益处，他说："咖啡的芳香分子极不稳定，需要有稳定的水温，才能把香醇萃取入杯，我相信稳定的压力也很重要……但制造商的新玩意儿却无助于改进质量，旨在营销更复杂、更难操控的机器。要泡好一杯浓缩咖啡已够复杂了，而今又多了压力曲线。天啊，给我普通浓缩咖啡机和磨豆机就够用了。"

然而，挪威知名咖啡大师，同时也是 2004 年世界咖啡师锦标赛冠军的提姆·温铎柏 (Tim Wendleboe) 长期测试 Strada 后，撰文写下他如何驯服调压式咖啡机的心路历程："你永远不知下一杯是天使还是魔鬼，因为多变的压力与温度，极为刁蛮难控，一旦捉住了诸多参数与变因，就可泡出绝世美味，你问我会不会买？我迫不及待想买一台，只要你捉对曲线，此机诠释咖啡的潜能，令人神迷。"

第四波酝酿中，未成气候

调压与温控的复合功能，确实增加了浓缩咖啡的玩弄空间与操作难度，你有可能萃取出琼浆玉液，也可能泡出馊水，福祸尚难论断，毕竟 Slayer 和 Strada 目前在全美还不到 20 台，仍属于实验性质，况且折合人民币 1.2 万～ 1.3 万元的高贵身价，短时间不易普及，连第三波的三巨头知识分子、树墩城和反文化，至今仍不敢贸然采用。

这两款杀手级浓缩咖啡机究竟是后继乏力的昙花一现，还是后劲十足的星火燎原，终成精品咖啡第四波的推手？让时间来印证，吾等且拭目以待。

第四波尚在酝酿中，但浓缩咖啡发源地意大利如何看待美国第三波咖啡美学？劲爆的是，高傲自恃的意大利人居然心悦诚服，坦然接受美国民众后来居上的事实！

就咖啡品种与栽植历史而言，埃塞俄比亚、也门与印度属于“旧世界”，而中南美洲和印度尼西亚属于“新世界”。然而，就咖啡时尚来看，奥地利、法国、德国、英国和意大利等欧洲诸国，向来是咖啡文化大国，喝咖啡已有300多年的历史，举凡赛风壶、手冲壶、摩卡壶和浓缩咖啡机等经典泡煮器材，均源自欧洲人的巧思与创意，欧洲是咖啡时尚与传统的滥觞地，是咖啡文化的“旧世界”。

半个世纪以来，美国人一直被欧洲人耻笑为烂咖啡的渊薮，但2000年后，情势转变。SCAA主导的“年度最佳咖啡”、咖啡质量研究学会、烘焙者学会（Roasters Guild）、年度热门议题研讨会（SCAA Symposium）、杯测师认证、精品咖啡鉴定师认证等诸多提升咖啡质量的组织与活动相继运作，加上神奇萃取分析器、金杯准则、烘焙厂与产地“直接交易制”（Direct Trade）均是美国人的创意，为全球精品咖啡界注入新元素，而且第三波美学咖啡馆成为全球咖啡迷的朝圣地，美国俨然成为咖啡文化的“新世界”，其创新能力，后来居上，凌驾“旧世界”的欧洲。

意大利也注意到美国第三波咖啡时尚的盛况，巡回美国指导浓缩咖啡技艺的意利咖啡（Illy Café）知名冠军咖啡师乔吉欧·米洛斯（Giorgio Milos），于2010—2011年走访美国各州咖啡馆，对美国咖啡质量大幅进步、咖啡文化大幅提升惊艳不已，并赞扬美国已进入咖啡文化的黄金岁月，如同意大利20世纪四五十年代，一副花团锦簇、鸟雀争鸣的荣景。

众所周知，意大利向来不屑美国低俗咖啡文化，而今，意利咖啡企业所属咖啡学院（Universita del Caffè）闻名遐迩的咖啡大师米洛斯，竟破天荒地撰文赞赏美国精品咖啡第三波新文化，意义深远。

其实，意大利跟美国一样，均曾历经一段烂咖啡岁月。1940年以前，意大利人所喝咖啡，跟馊水没啥两样，1901年，意大利工程师鲁伊吉·贝杰拉（Luigi Bezzera）发明雏形版浓缩咖啡机，利用大锅炉的高压水蒸气与沸水，快速萃取金属滤器里的咖啡粉。然而，萃取水温高达100℃，咖啡焦苦咬喉，当时，意大利依旧是有量无质的咖啡国度。

贝杰拉处女版浓缩咖啡机，虽然便捷却无法泡出美味咖啡，但已为咖啡的萃取注入巧思与创意，更催生了新一代改良版浓缩咖啡机的问世。1935 年，意利咖啡创办人法兰西斯科 · 意利（Francesco Illy）想出解决之道，也就是压力与沸水分离原则，因为炉内的水蒸气虽然提供绝佳的高压萃取环境，但沸水温度高达 100℃，会毁了咖啡细腻的味谱，于是他在贝杰拉的浓缩咖啡机中加装了一个增压泵，提供高压萃取环境，因此锅炉水温即可降至 90℃～93℃的最佳萃取温度，这成为现代浓缩咖啡机的主要原理。

1938 年，意大利人艾契尔 · 佳吉亚（Achille Gaggia）发明了压杆式浓缩咖啡机，取得专利权，此机不需借助泵或水蒸气压力，全靠手杆下压的力道辅助萃取，因此水温在 90℃左右即可泡咖啡。1948 年，佳吉亚公司成立，专售压杆式浓缩咖啡机，最大特点是萃取压力可随着手臂力道瞬间改变，增加咖啡味谱的层次与丰富度，竟然成为今日 Slayer 与 Strada 调压式浓缩咖啡机的灵感来源。

1950 年，美国人还在喝“洗碗水咖啡”的时候，浓缩咖啡已成为意大利家喻户晓的提神饮品，街头巷尾随处可见浓缩咖啡吧，改良版浓缩咖啡机百花齐放，意大利进入咖啡黄金岁月，跃为全球咖啡时尚的领航者。浓缩咖啡的金科玉律，诸如最佳萃取压力为 8～9 个标准大气压、最佳萃取水温 87.7℃～93.3℃、每杯最佳粉量 7～8 克、萃取 30 毫升的最佳时间为 20～30 秒，均为黄金岁月的产物，全球奉行至今。

然而，美国却比意大利晚了半个世纪，才迈入黄金岁月。

1966 年，荷兰裔的艾佛瑞 · 毕特在旧金山创立店内烘焙的毕兹咖啡，倡导新鲜烘焙理念，带领美国民众扬弃走味的罐装咖啡、呛鼻的罗布斯塔和苦口的即溶咖啡，美国民众得以挥别第一波烂咖啡纠缠，毕特因而被誉为“美国精品咖啡教父”。

1974 年，挪威裔的娥娜 · 努森（Erna Knutsen）在旧金山从事生豆进口生意，揭橥“精品咖啡”一词，彰显微型气候栽种的精品咖啡，饶富地域之味，以区别一般平庸的商业咖啡。毕特与努森带领美国民众多喝新鲜烘焙的精品咖啡，少碰即溶咖啡与罗布斯塔，改造美国民众的咖啡味蕾，为精品咖啡第二波长达 30 年的进化打下基石。

不过，当时美国民众是以电动滴滤壶和法式滤压壶为主要泡煮器材，一直到 1983 年星巴克（当时只卖熟豆不卖饮料）的营销经理霍华德 · 舒尔茨（Howard Schultz），远赴米兰出席食品大展，才将 Espresso、Caffè Latte 以及 Cappuccino 等意式浓缩咖啡饮料引进美国。

1992年，星巴克在纳斯达克（NASDAQ）上市，取得资金，大规模扩张，进军国际市场，并将意大利的拿铁、卡布奇诺、玛奇朵（Caffè Macchiato）等饮品发扬光大，使其成为第二波精品咖啡时尚的代表饮料。

意大利调侃美国民众糟蹋风雅

星巴克崛起，带动全球意式咖啡热潮，但有趣的是，意大利并不领情，甚至批评星巴克不按章法调制意式咖啡，比方说，意大利用陶杯，星巴克却推广纸杯；意大利正宗的玛奇朵是在浓缩咖啡上铺上一层绵密奶泡，不加热奶，以小杯子装，星巴克却是在大杯拿铁上浇上焦糖浆，成了山寨版玛奇朵。意大利还批评星巴克烘焙度太深……似乎听不到欧洲对美国咖啡的半句赞美之辞。

记得1998年，笔者远赴西雅图采访咖啡时尚，约谈了当地几位知名烘焙业者，其中有一位意大利裔烘焙师告诉笔者，意大利人很不爽星巴克乱改意式咖啡调理法，这与焚琴煮鹤何异？因此发明了“焦巴克”（Charbucks）一词来调侃。显然美国第二波精品咖啡的质量，并不见容于意大利的毒舌派。

虽然SCAA早在1983年成立，不遗余力地提升美国民众的咖啡品味，但美国咖啡质量直到 2000 年以后才有起色。第三波进化功不可没，带领风潮的三大龙头咖啡馆与烘焙厂：知识分子、树墩城与反文化，所打造的第三波浅中焙美学，扭转了半个世纪以来美国低俗的咖啡品味。尤其是知识分子的黑猫综合豆、树墩城的卷发器综合豆以及反文化的 46 号综合豆，成为第三波经典名豆，国际粉丝团与日俱增。

意利咖啡学院的巡回大师米洛斯，考察美国精品咖啡第三波时尚，感触良深，他一针见血地说："咖啡时尚的创新动能，已从旧世界移转到新世界，虽然欧洲仍保有经典的咖啡传统，但欠缺美国今日的沛然创造力。"昔日不屑美国烂咖啡的意大利，终于竖起大拇指，称赞美国咖啡品味大幅进步，如同意大利 20 世纪四五十年代的黄金岁月一般。

意大利自限红海，美国开创蓝海

米洛斯观察到的美国创新力，包括咖啡玩家不再自限于浓缩咖啡萃取的金科玉律，进一步追根究底，使用"神奇萃取分析器"检测咖啡的 TDS，也就是总固溶解量或称浓度，将咖啡抽象的浓度量化为科学数据，不论滤泡式或浓缩咖啡，均有可靠的浓度值供参考，这是意大利半个世纪来没有完成的使命。美国第三波玩家不再拘泥于拉花或调理技巧的小池塘，改而迈向蓝海，研究产地咖啡品种、水土、气候、海拔、后制处理、萃取与咖啡化学如何影响咖啡味谱，并教导咖啡农杯测技巧，作为改进质量的依据。

美国的第三波革命，以及美国精品咖啡协会和咖啡品质学会每年举办的研讨会，从了解咖啡萃取，扩大到研究分析产地咖啡与生豆质量。而在意大利，除意利咖啡企业在这些领域有所涉猎外，一般意大利咖啡师傅对于精品咖啡的认知与新发展，远不如美国民众。

另外，米洛斯还看到美国咖啡人的巧思，为了了解填压浓缩咖啡所需的 30 磅（约 14 千克）力道有多大，竟然有人站在磅秤上，做填压动作，所减轻的体重就等于填压的力量，真是一大创意。他认为 2000 年后，美国拉大格局，迈向咖啡创新的蓝海，开创自己的黄金岁月。反观意大利，虽然早在半个世纪前就经历了黄金岁月，但长期无新的建树，一味墨守成规，在小池塘里玩耍，两国咖啡文化的消长极为明显。

就笔者观察，意大利咖啡文化的包容性不够，越走越窄，而美国却有容乃大，渐入佳境。美国是个种族熔炉，很容易接纳各国不同的冲泡法，1980年以前，美国民众独沽美式滴滤壶与法式滤压壶；1990年后，爱上意式浓缩咖啡机；2005年以后，东风西渐，第三波玩家改而拥抱日式赛风壶、手冲壶和中国台式聪明滤杯，多元冲泡法为咖啡文化注入新血。然而，意大利依旧死守Espresso国粹，开创性不足，甚至连调压式浓缩咖啡机也跟风美国。

另外，SCAA“年度最佳咖啡”杯测赛与中南美“超凡杯”分庭抗礼，带动消费国与生产国的联结，也激发玩家对咖啡品种与地域之味的热情，而各生产国年度精品豆拍卖会，更拉升艺伎、帕卡玛拉、波旁、铁比卡、卡杜拉、卡杜阿伊等优良品种的身价。反观意大利，似乎只对阿拉比卡与罗布斯塔如何混豆有兴趣，对于阿拉比卡底下的多元品种与地域之味，欠缺热情与研究，这从拍卖会买家几乎看不到意大利豆商，可看出端倪。

到意大利旅游喝咖啡，Espresso Bar随处可见，但所卖的咖啡全是阿拉比卡与罗布斯塔混合豆，想点杯曼特宁、蓝山或滤泡式咖啡，难如登天，更不要奢望喝得到

Geisha、Pacamara、Nekisse、Beloya、Ka'u 等火红名豆，意大利咖啡师似乎听不懂这些品种与产地咖啡，说他们自外于国际精品咖啡潮流，脱节远矣，并不为过。

第三波创新 Espresso 酸甜水果韵

米洛斯所言“咖啡时尚的创新动能，已从旧世界移转到新世界”很有见地。美国是世界最大咖啡消费国[1]，由美国肩负咖啡文化的革故鼎新，倒也顺理成章。根据国际咖啡组织估计，2010—2011 年产季，全球咖啡产量约 130,000,000 袋，即 7,800,000 吨，其中阿拉比卡占 4,698,000 吨，罗布斯塔占 3,102,000 吨，预估美国人喝掉 1,300,000 吨，换言之，全球有 17% 的咖啡被美国民众喝下肚，高居全球之冠。在 SCAA 以及美国第三波咖啡人的奋进努力下，美国民众喝“洗碗水咖啡”恶名渐除，近年更以精品咖啡领航国自居。

---

1 美国人一年要喝掉 130 万吨咖啡，是世界上最大咖啡消费国。若算人均量，美国民众平均每人每年喝掉 4 千克咖啡，这也高于全球平均的 1.3 千克，但比起北欧的瑞典、挪威和丹麦，人均量在 9 千克以上，“山姆大叔”就相形见绌了。

美国咖啡质量大幅进步，笔者亦有同感，记得十几年前在美国不易喝到悦口的浓缩咖啡，不是太焦苦，就是太尖酸。但这几年喝到随季节调整配方的 Intelligentsia 招牌浓缩咖啡黑猫、Stumptown 镇馆名豆卷发器、Counter Culture 的埃塞俄比亚日晒艾迪铎（Idido）单品浓缩咖啡豆，以及 Blue Bottle 知名的“17 英尺天花板”浓缩咖啡豆，满口浓郁的水果酸甜韵与花香味，有别于意大利传统浓缩配方豆的树脂味与杂苦韵。显然美国第三波咖啡人已走出自己的路，净化意式浓缩咖啡碍口的杂苦韵，成果令人惊艳。

Espresso 进化运动是现在进行式，浓缩咖啡萃取参数、操作流程、配方与烘焙方式，面临空前大变革，Espresso 该如何调整，笔者不敢妄加论述。但尘埃终有落定时，他日再谈不迟。何不先来杯咖啡，好整以暇，静观精品咖啡第三波交棒第四波，两相激荡的美学火花！

索引

咖啡名词中外文对照表

A

ABIC（Brazilian Association of Coffee Industries）巴西咖啡协会

Abid Clever Dripper 台式聪明滤杯

Acidity 酸味

Aftertaste 余韵

Agtron Coffee Roast Analyzer 艾格壮咖啡烘焙度分析仪

Agtron Number 艾格壮数值（焦糖化数值）

Aroma 湿香

B

Balance 平衡度

Body 厚实感

Brewing Coffee Control Chart 滤泡咖啡品管图

C

CBC（Coffee Brewing Center）咖啡泡煮研究中心

Chemex 美式玻璃滤泡壶

Clean Cup 干净度

CoE（Cup of Excellence）超凡杯

Coffee Cupping 杯测
CQI（Coffee Quality Institute）咖啡质量研究学会
Coffee Taster's Flavor Wheel 咖啡品鉴师风味轮

D

Dry Distillation 干馏作用

E

Enzyme Action 酶作用
Extraction Yield 萃出率
ExtractMoJo 神奇萃取分析器

F

Flavor 味谱
Fragrance 干香

G

Gases 挥发香气
Gold Cup Standard 金杯准则

H

Hario V60 日式锥状手冲滤杯

M

Maillard Reaction 梅纳反应
Mouthfeel 口感

N

NCA（Norwegian Coffee Association）挪威咖啡协会

O

Orthonasal Olfactory 鼻前嗅觉

Q

Q-Grader 精品咖啡鉴定师

Quaker 奎克豆（未熟豆）

R

Retronasal Olfactory 鼻后嗅觉

S

SCAA（Specialty Coffee Association of America）美国精品咖啡协会

SCAE（Specialty Coffee Association of Europe）欧洲精品咖啡协会

Siphon Pot 赛风壶

Sugar Browning 糖褐变反应

Sweetness 甜味

T

Tastes 水溶性滋味

TDS（Total Dissolved Solids）总固体溶解量

U

Uniformity 一致性

韩怀宗　作品

精品咖啡学　总论篇

精品咖啡学　实务篇

图书在版编目（CIP）数据

精品咖啡学．实务篇 / 韩怀宗著．— 杭州：浙江人民出版社，2022.6
ISBN 978-7-213-10377-3

Ⅰ．①精… Ⅱ．①韩… Ⅲ．①咖啡—基本知识 Ⅳ．① TS273
中国版本图书馆 CIP 数据核字（2021）第 221925 号

精品咖啡学·实务篇
JINGPIN KAFEI XUE.SHIWU PIAN
韩怀宗 著

出版发行 浙江人民出版社（杭州市体育场路 347 号 邮编 310006）
责任编辑 徐 婷
责任校对 杨 帆 王欢燕
封面设计 别境 Lab
电脑制版 李春永
印 刷 天津海顺印业包装有限公司
开 本 787 毫米 × 1092 毫米 1/32
印 张 12
字 数 198 千字
版 次 2022 年 6 月第 1 版
印 次 2022 年 6 月第 1 次印刷
书 号 ISBN 978-7-213-10377-3
定 价 79.00 元

如发现图书质量问题，可联系调换。质量投诉电话：010-82069336

策划出品　磨铁图书　　　特约监制　何　寅
产品经理　赵　龙　　　特约编辑　商思悦　刘晨楚
封面装帧　别境Lab　　　内文排版　李春永
版权支持　丁德凤　　　出版统筹　陈　枭